westermann

W0469578

Multiplizieren und Dividieren

Erarbeitet von

Judith Beerbaum, Sina Buchborn-Hofer, Antonia Dehne, Catharina Fritz, Anja Göttlicher, Katrin Klöckner, Sarah Pfleger, Britta Wettels und Stephanie Zippel

in Zusammenarbeit mit der Westermann-Grundschulredaktion

Unter Beratung von

Hennrieke Peter

Illustriert von

Angelika Citak, Heike Heimrich und Karoline Kehr

Flex und Flo Mathematik 2

Zeichenerklärung

Schreibe ins Heft.

Male/Zeichne mit der entsprechenden Farbe.

Streiche durch, was nicht passt.

Ordne zu.

Kreise ein.

Kreuze an.

Benutze Material.

Bearbeite die Aufgabe in Partnerarbeit.

Addieren heißt plus rechnen. — Hier steht ein neues Fachwort.

Grundaufgabe $2 + 2 = 4$, also $32 + 2 = 34$ — Hier steht ein neues Fachwort oder ein neues Beispiel, wie du über Mathematik sprechen kannst.

R7 — Verweis auf passenden Diagnosetest im Flex und Flo Diagnoseheft 2, ISBN 978-3-14-118149-4

12 A-E — Verweis auf passende herausfordernde Aufgaben in der Flex und Flo Entdeckerkartei 2, ISBN 978-3-14-1118161-6

S. 34 — Verweis auf passende Übungen auf den angegebenen Seiten im Flex und Flo Trainingsheft Interaktiv 2 WEB-14-118180

Aufgabe aus dem Anforderungsbereich I
Reproduzieren: erfordert Grundwissen und das Ausführen von Routinetätigkeiten

Aufgabe aus dem Anforderungsbereich II
Zusammenhänge herstellen: erfordert das Erkennen und Nutzen von Zusammenhängen

Aufgabe aus dem Anforderungsbereich III
Verallgemeinern und Reflektieren: erfordert komplexe Tätigkeiten wie Strukturieren, Entwickeln von Strategien, Beurteilen und Verallgemeinern

Einführung von Fachwörtern oder Redemitteln
Eine Sammlung der im Heft eingeführten Fachwörter und Redemittel zum Nachschlagen findet sich auf der letzten Doppelseite und der Beilage „Fachwörter und Redemittel 2“. Die Beilage ist als Nachkaufset erhältlich. ISBN 978-3-14-118186-9

Medienbildung und Mathematiklernen verbinden
Anregung zur Bearbeitung mathematischer Lerninhalte mit digitalen Werkzeugen

Tipp zur Verknüpfung der Themenhefte

Inhaltsverzeichnis

Viele Malaufgaben

Datum: ______________

1

4 mal 5 Brötchen

____ Brötchen

3 mal ____ Äpfel

____ Äpfel

____ mal ____ Eier

____ Eier

Über das Bild sprechen. Multiplikationsaufgaben im Bild suchen und aufschreiben.

➡ Vorherige Bearbeitung Themenheft Addieren und Subtrahieren bis S. 43 empfohlen.

Datum: ____________

____ mal ____ Melonen
____ Melonen

____ mal ____ Möhren
____ Möhren

____ mal ____ Blumenkohl
____ Blumenkohl

Datum: ____________

1

3 · 5 = ____________

5 + ____________

____

____

____

____

____

____

____

____

____

____

Multplikationsaufgaben finden, auf den eigenen Klassenraum übertragen.

Fotografie: Multiplikativ angeordnete Mengen fotografieren, präsentieren (ggf. speichern und ausdrucken oder für eine digitale Pinnwand nutzen) und Mal- und Plusaufgabe dazu finden.

Malaufgaben und Plusaufgaben

Datum: ____________

1

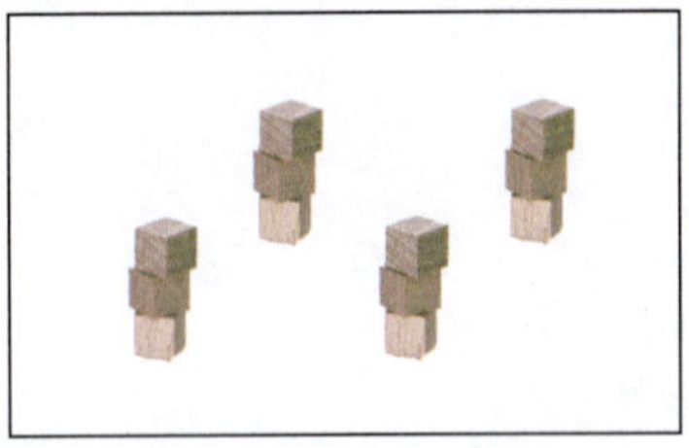

$4 \cdot 3 =$

$3 + 3 +$

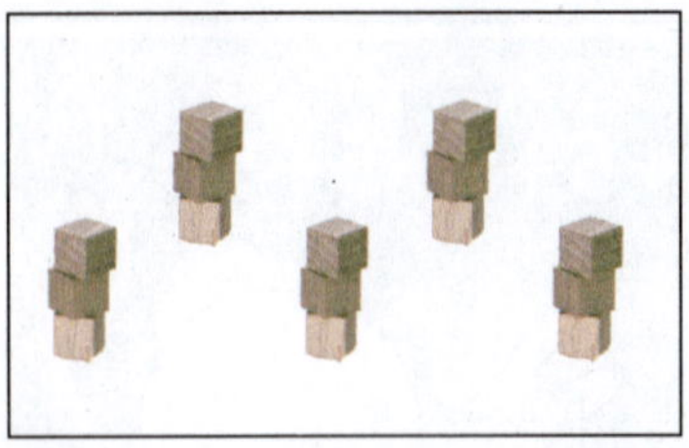

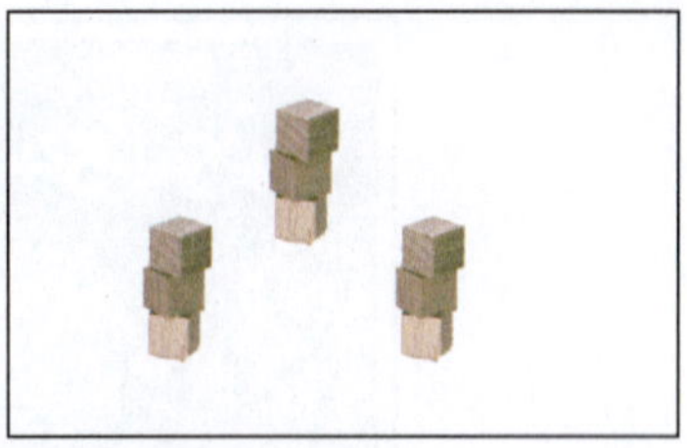

2

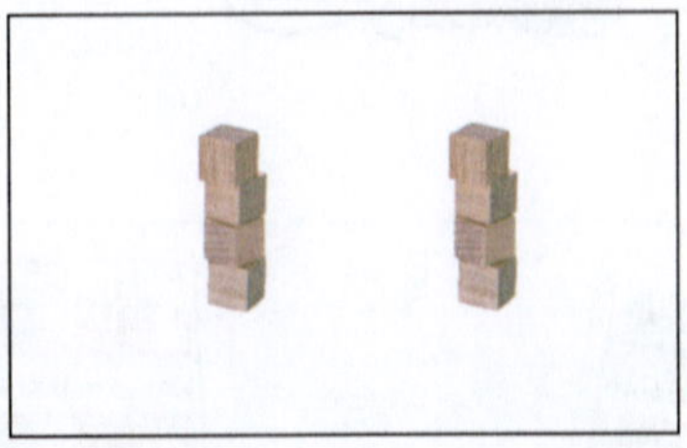

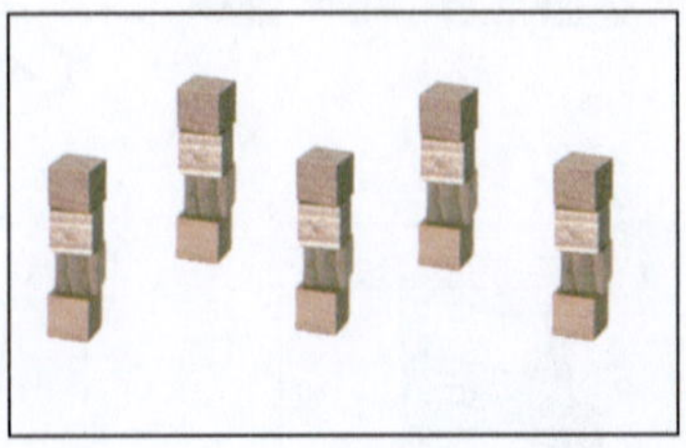

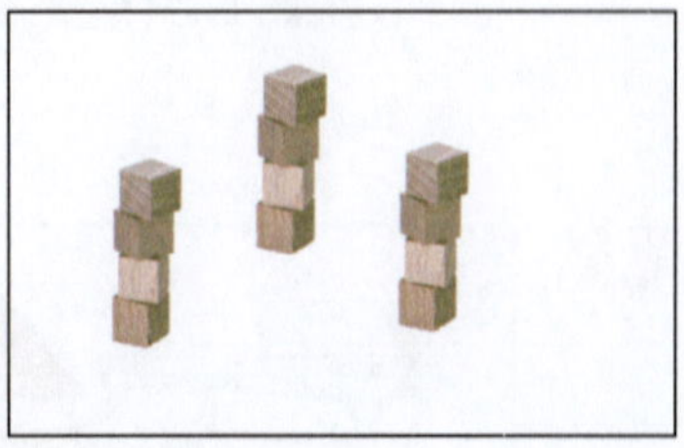

3

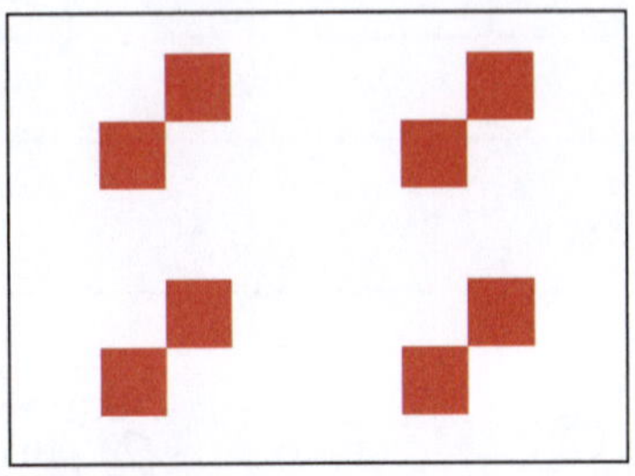

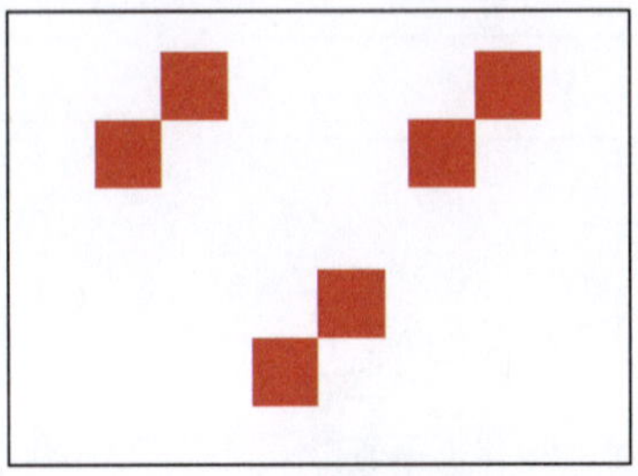

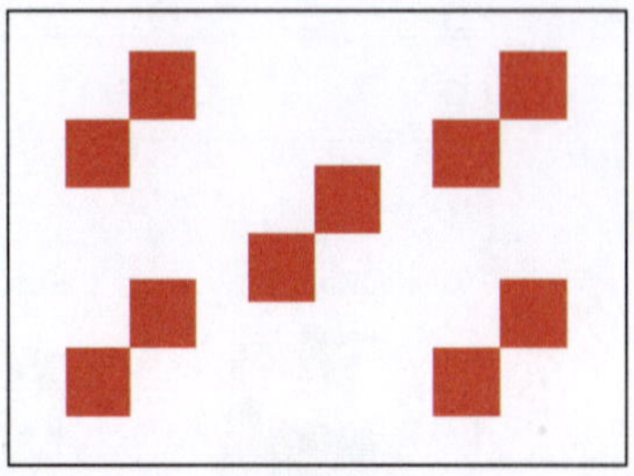

4

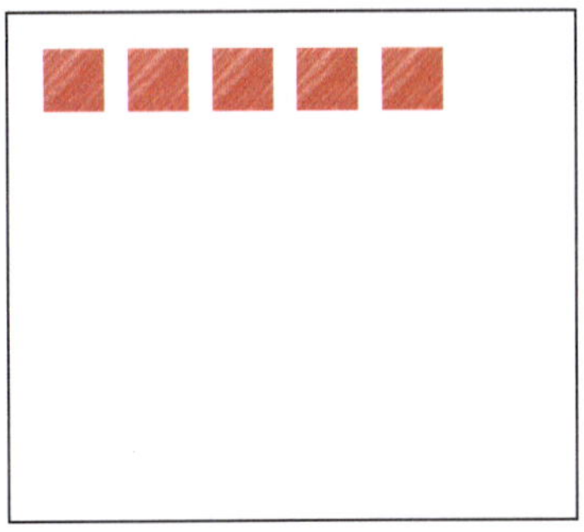

$3 \cdot 5 =$

$4 \cdot 4 =$

$2 \cdot 3 =$

4 Eigene Bilder zu den Multiplikationsaufgaben malen.

Datum: ____________

1

5 + 5 + 5 = ____________

3 · ____________

____

____

2

____

____

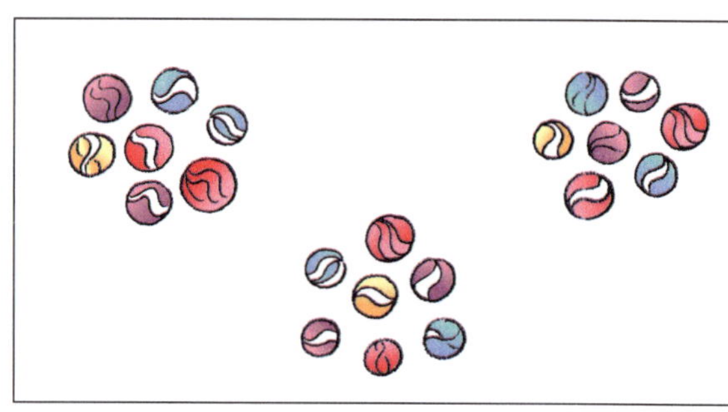

____

____

3

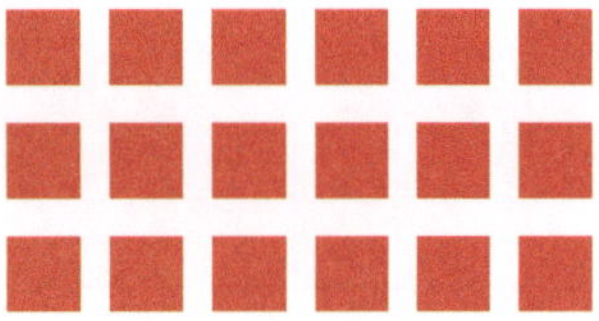

____

____

____

____

Datum: ____________

1 Male ein Bild zu den Aufgaben.

4 + 4 + 4 + 4 =	3 + 3 + 3 + 3 =	____
4 · 4 =	____	2 · 2 =

2

7 + 7 =	____	____
____	5 · 1 =	1 · 6 =

3

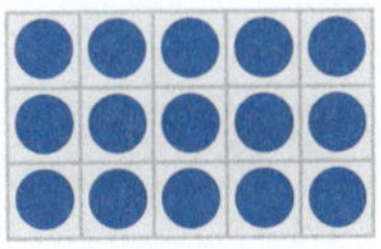 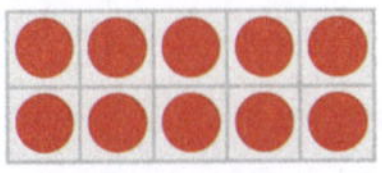 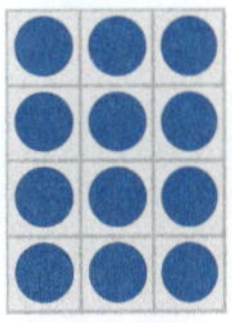 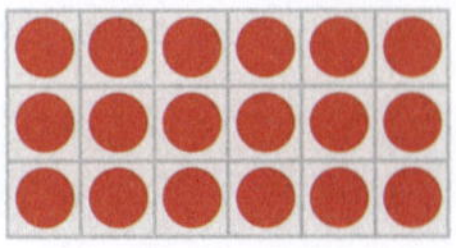

2 · 5   3 · 5   6 · 2   3 · 7   4 · 3   3 · 6

4 Male zu den Aufgaben Punktefelder wie in Aufgabe 3.

2 · 3	3 · 5	3 · 4
5 · 3	4 · 2	1 · 7

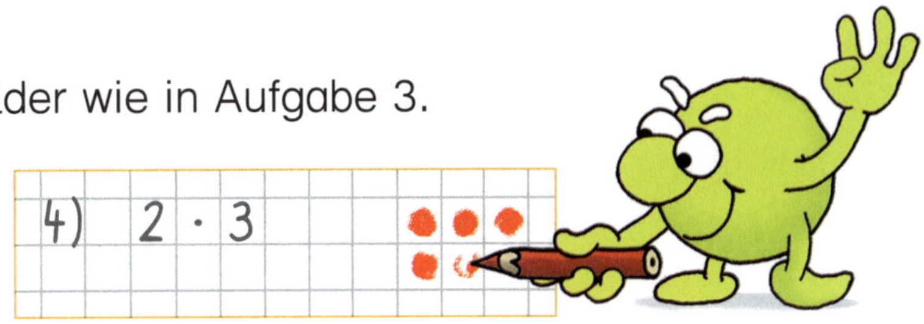

5 Malt Punktefelder wie in Aufgabe 3. Tauscht die Hefte.
Dein Partnerkind schreibt die Malaufgabe und die Plusaufgabe dazu.

Plusaufgaben und Malaufgaben

Datum: ____________

1

5 + 5 + 5 + 5 + 5 = 5 · 5 = ___

4 + 4 + 4 + 4 + 4 + 4 = ___ · ___ = ___

2 + 2 + 2 + 2 + 2 + 2 = ___ · ___ = ___

6 + 6 + 6 + 6 = ___ · ___ = ___

10 + 10 = ___ · ___ = ___

8 + 8 + 8 + 8 + 8 + 8 + 8 + 8 = ___ · ___ = ___

3 + 3 + 3 = ___ · ___ = ___

6 + 6 + 6 = ___ · ___ = ___

7 + 7 + 7 = ___ · ___ = ___

8 + 8 + 8 = ___ · ___ = ___

1 + 1 + 1 = ___ · ___ = ___

9 + 9 + 9 = ___ · ___ = ___

2

2 · 8 = 8 + 8 = ____________

2 · 6 = ____________

7 · 2 = ____________

2 · 9 = ____________

3 · 5 = ____________

1 · 9 = ____________

3

4 · 5 = ____________

5 · 4 = ____________

9 · 9 = ____________

3 · 7 = ____________

5 · 3 = ____________

4 Plusaufgabe, Malaufgabe, Bild und Ergebnis.
Was gehört zusammen? Male mit der gleichen Farbe an.

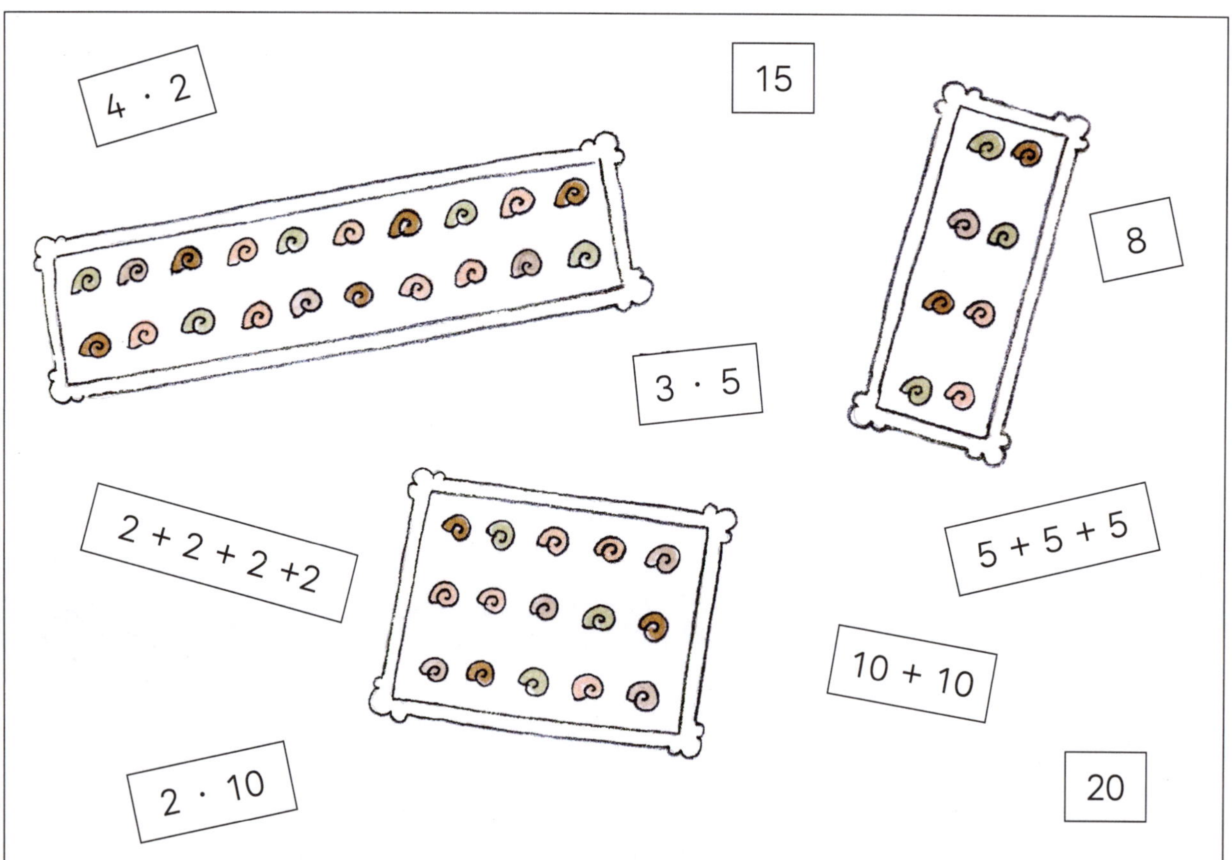

S. 34

Malaufgaben am Hunderterfeld

Datum: ____________

1

2 · 6 = ____________

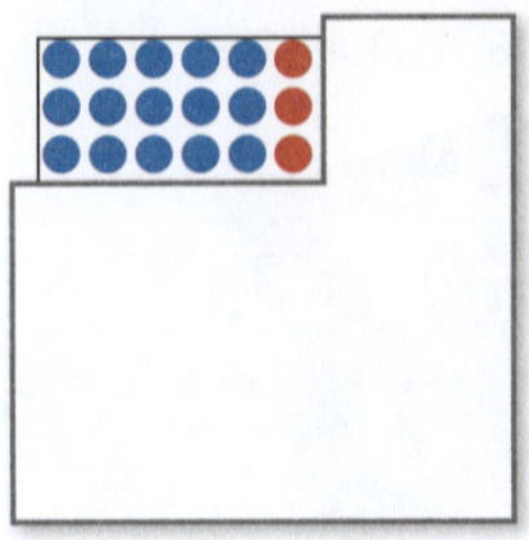

____

____

____

2

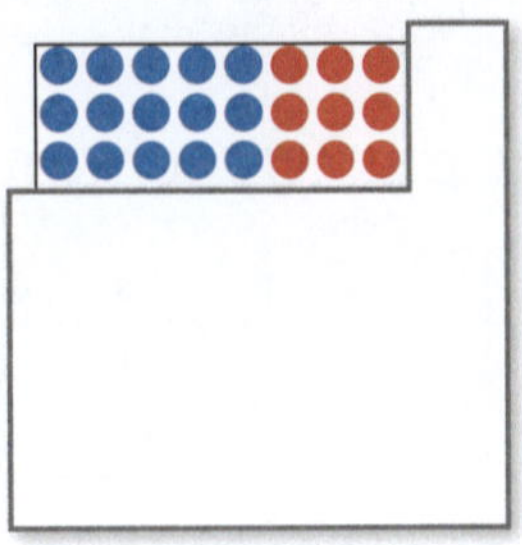

____

____

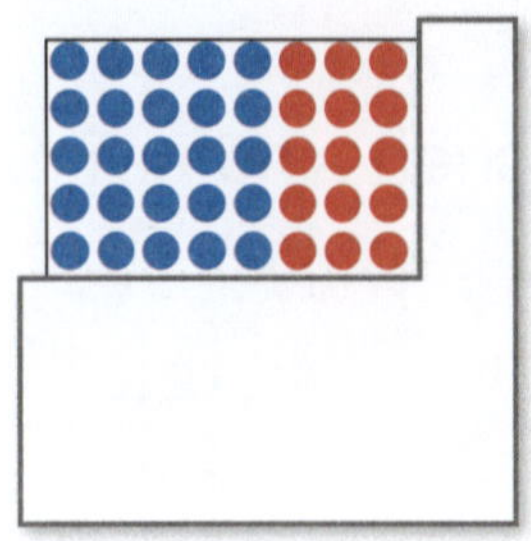

____

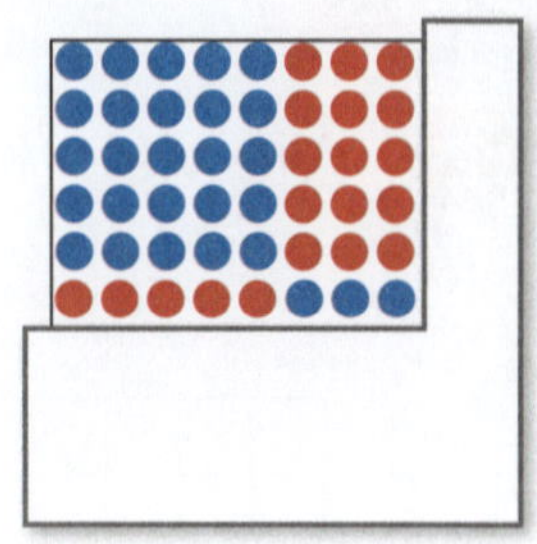

____

3

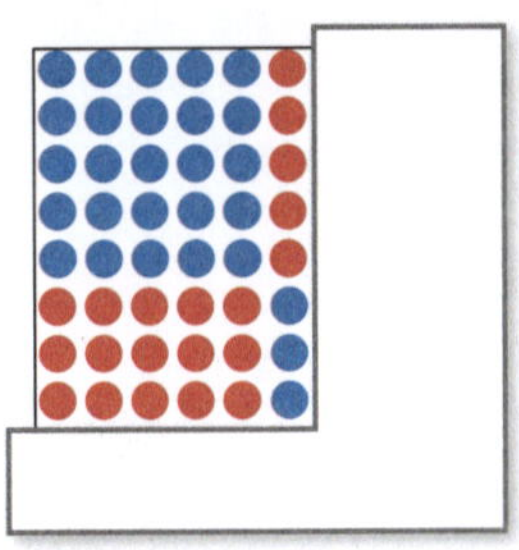

____

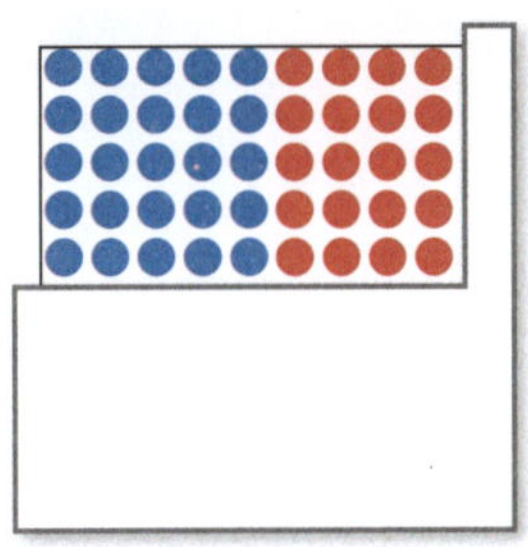

____

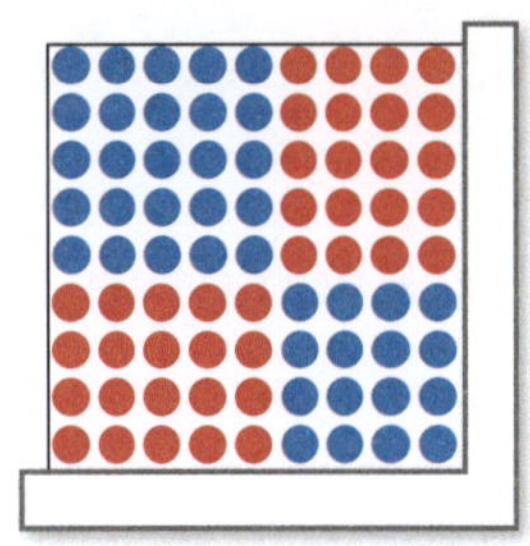

____

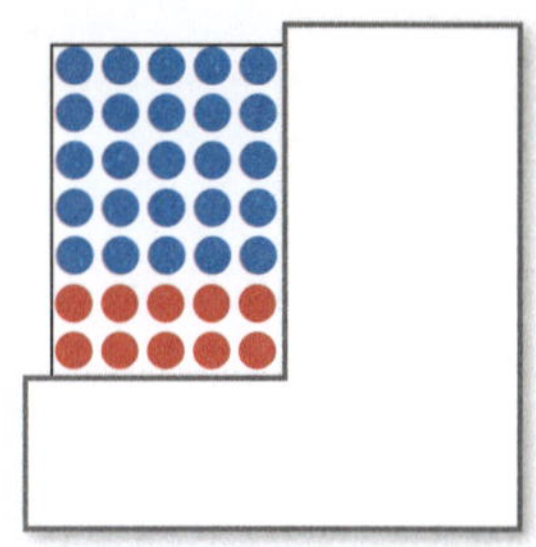

____

4 Zeige am Hunderterfeld, dein Partnerkind kontrolliert.

5 · 5 4 · 8 7 · 6 9 · 2 10 · 4 4 · 7 3 · 9 9 · 3

5 Zeige eine Malaufgabe am Hunderterfeld, dein Partnerkind sagt die Aufgabe. Wechselt euch ab.

R7

1–5 Hunderterfeld nutzen. Abdeckwinkel als Kopiervorlage in der Handreichung/BiBox für Lehrer/-innen.

Datum: ____________

1 Schreibe zu jedem Bild die Aufgabe und die Tauschaufgabe.

____________ ____________ ____________

____________ ____________ ____________

2 Wie viele Kästchen sind es? Schreibe die Aufgabe und die Tauschaufgabe.

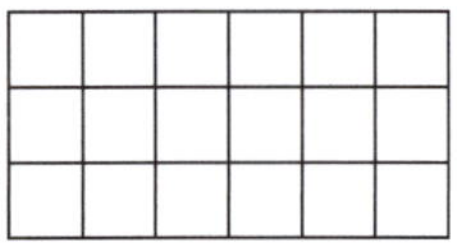

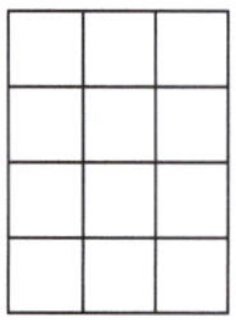

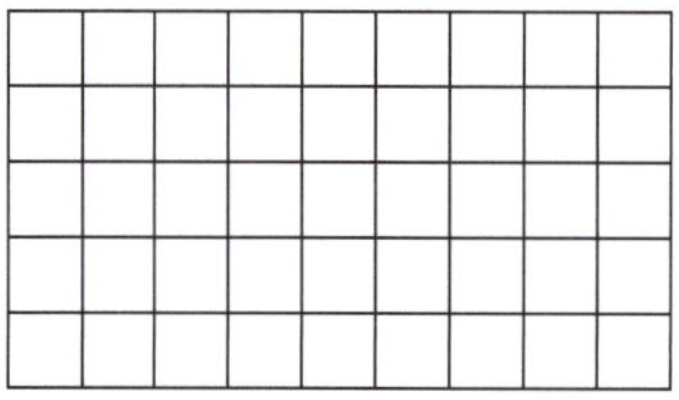

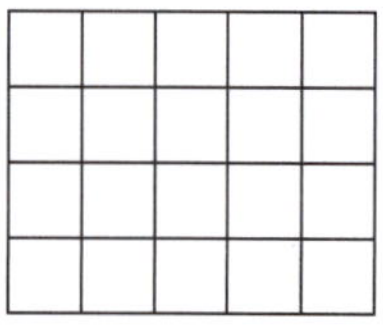

____________ ____________ ____________ ____________

____________ ____________ ____________ ____________

3 Zeichne wie Flex Rechtecke zu Malaufgaben. Dein Partnerkind schreibt die Aufgabe und die Tauschaufgabe dazu.

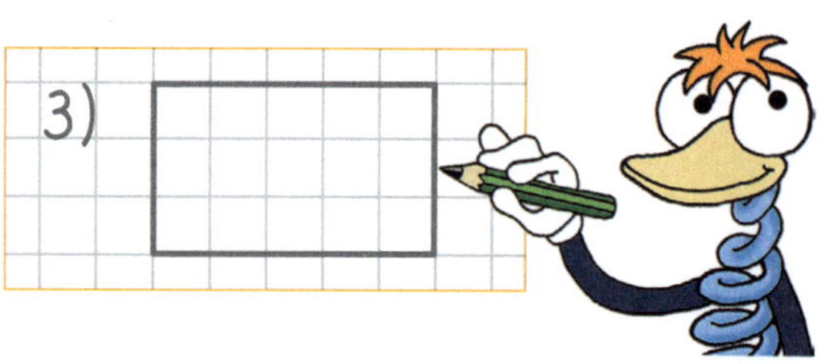

4 Welche Aufgabe passt? Löst sie.

$7 \cdot 3 =$ ____ oder $3 \cdot 7 =$ ____

$10 \cdot 2 =$ ____ oder $2 \cdot 10 =$ ____

S. 35

Videoaufnahme: Erklärfilm zu Aufgabe und Tauschaufgabe aufnehmen.

Datum: ______________

1

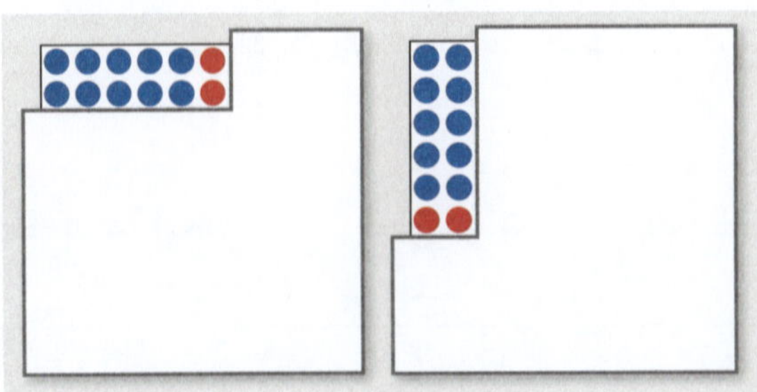

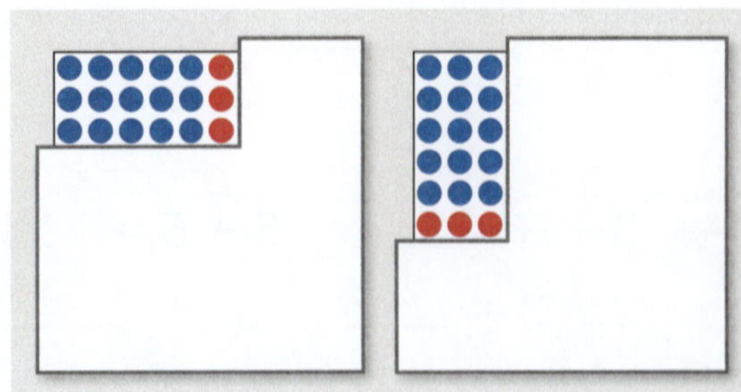

2 · 6 = ________ ________ ________ ________

2

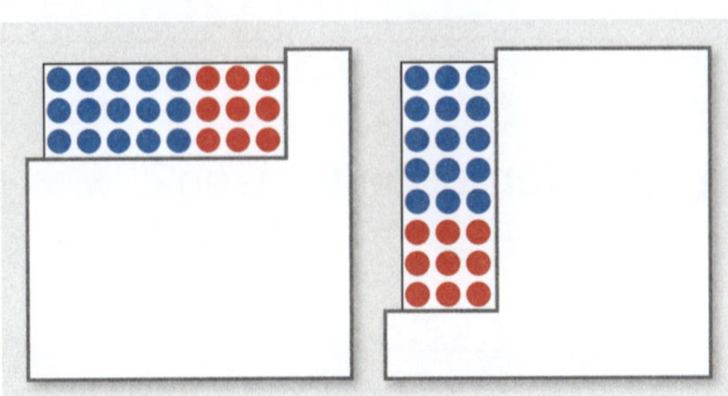

________ ________ ________ ________

3

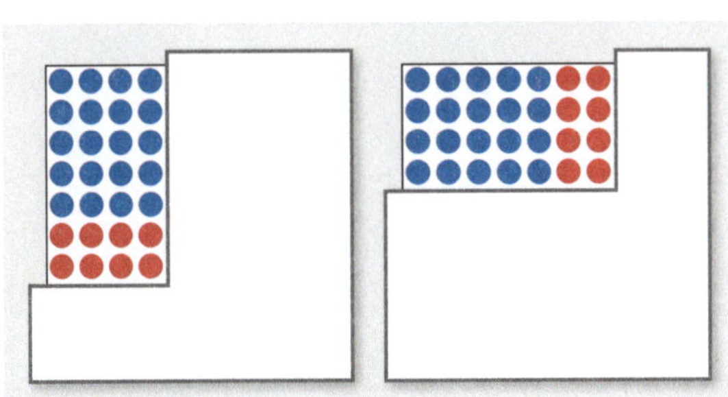

________ ________ ________ ________

4 Zeige eine Malaufgabe am Hunderterfeld.
Dein Partnerkind zeigt die Tauschaufgabe. Wechselt euch ab.

Datum: ____________

1

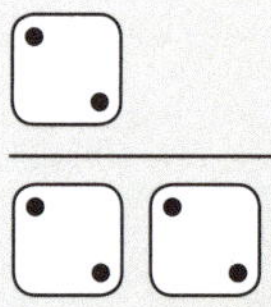

1 · 2 = 2

2 · 2 = 4

1 · 4 =

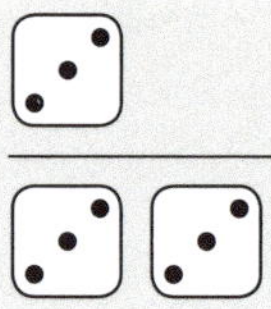

2

3 + 3 = ____ 5 + 5 = ____ 7 + 7 = ____ 9 + 9 = ____ 1 + 1 = ____

2 · 3 = ____ ________ ________ ________ ________

3

Zahl	7	6	0					8	9	
Das Doppelte	14			4	8	6	10			20

4 Kannst du auch schon diese Aufgaben zum Verdoppeln lösen?

30 + 30 = ____ 20 + 20 = ____ 15 + 15 = ____ 25 + 25 = ____

2 · 30 = ____ ________ ________ ________

5 Schreibe eigene Aufgaben zum Verdoppeln und löse sie.

________ ________ ________ ________

________ ________ ________ ________

6 Aufgabe und Tauschaufgabe

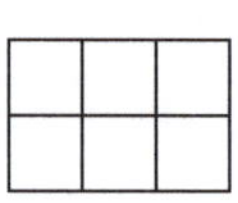

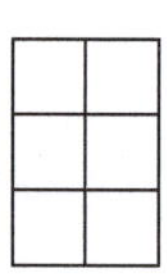

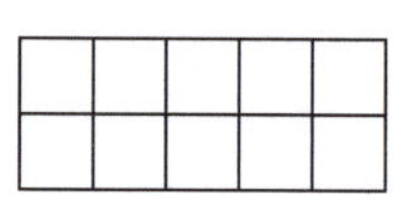

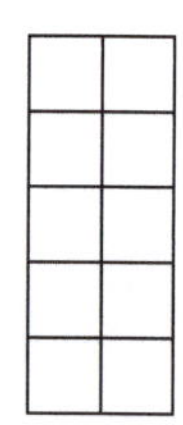

________ ________ ________ ________

7

2 · 6 = ____ 2 · 8 = ____ 2 · 9 = ____ 2 · 10 = ____ 2 · 0 = ____

6 · 2 = ____ 8 · 2 = ____ 9 · 2 = ____ 10 · 2 = ____ 0 · 2 = ____

Datum: ____________

1 Zeige die Malaufgaben am Hunderterfeld.

1 · 2 = ____ 3 · 2 = ____ 5 · 2 = ____ 7 · 2 = ____ 9 · 2 = ____

2 · 2 = ____ 4 · 2 = ____ 6 · 2 = ____ 8 · 2 = ____ 10 · 2 = ____

2 Aufgabe und Ergebnis. Was gehört zusammen? Male an.

2 · 2 6 · 2 0 · 2 20 8 · 2

12 4 10 · 2 0 16

3 Zeige die Malaufgabe und die Tauschaufgabe am Hunderterfeld.

7 · 2 = ____ 9 · 2 = ____ 6 · 2 = ____

2 · 7 = ____ __________ __________

4 · 2 = ____ 10 · 2 = ____ 3 · 2 = ____

__________ __________ __________

4

4 = ____ · 2 20 = ____ · 2 6 = ____ · 2 2 = ____ · 2

16 = ____ · 2 18 = ____ · 2 12 = ____ · 2 0 = ____ · 2

5 Hier fällt etwas auf!

2 · 1 = ____ 2 · 2 = ____ 2 · 3 = ____ 2 · 4 = ____ 2 · 5 = ____

2 · 2 = ____ 2 · 4 = ____ 2 · 6 = ____ 2 · 8 = ____ 2 · 10 = ____

6 Findet die Regel. Setzt fort, so weit wie ihr könnt.

2 · 2 3 · 2 4 · 2

4 · 2 6 · 2 ___

6) 2 · 2 = 4
4 · 2 =

Zweier-Reihe auch ins Heft schreiben.
Das Einmaleins der 2 muss automatisiert werden.

S. 36

Datum: ____________

1 Zeige die Malaufgaben am Hunderterfeld.

1 · 5 = ____ 3 · 5 = ____ 5 · 5 = ____ 7 · 5 = ____ 9 · 5 = ____

2 · 5 = ____ 4 · 5 = ____ 6 · 5 = ____ 8 · 5 = ____ 10 · 5 = ____

2 Aufgabe und Ergebnis. Was gehört zusammen? Male an.

3 · 5   5 · 5   0 · 5   7 · 5

35   45   10   0

2 · 5   8 · 5   10 · 5

15   50   25   40   9 · 5

3 Zeige die Malaufgabe und die Tauschaufgabe am Hunderterfeld.

7 · 5 = ____ 4 · 5 = ____ 9 · 5 = ____

5 · 7 = ____ ________ ________

6 · 5 = ____ 8 · 5 = ____ 10 · 5 = ____

________ ________ ________

4

15 = ____ · 5 20 = ____ · 5 50 = ____ · 5 45 = ____ · 5

35 = ____ · 5 40 = ____ · 5 30 = ____ · 5 5 = ____ · 5

5

5 · ____ = 10 5 · ____ = 25 5 · ____ = 40 5 · ____ = 35

5 · ____ = 20 5 · ____ = 30 5 · ____ = 5 5 · ____ = 45

S. 37

Datum: ____________

1 Zeige die Malaufgaben am Hunderterfeld.

1 · 10 = ____ 3 · 10 = ____ 5 · 10 = ____ 7 · 10 = ____ 9 · 10 = ____

2 · 10 = ____ 4 · 10 = ____ 6 · 10 = ____ 8 · 10 = ____ 10 · 10 = ____

2

5 · 10 = ____ 3 · 10 = ____ 7 · 10 = ____ 9 · 10 = ____

10 · 5 = ____ 10 · 3 = ____ ____________ ____________

3

____________ ____________ ____________ ____________

4 Immer zwei Aufgaben haben das gleiche Ergebnis. Male an.

2 · 10 | 2 · 5 | 10 · 5 | 6 · 5 | 3 · 10 | 5 · 10 | 4 · 5 | 1 · 10

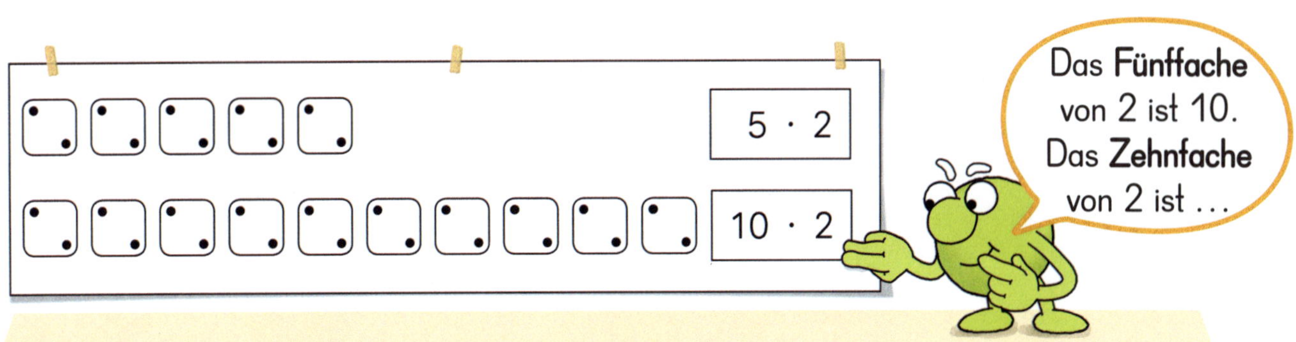

5

5 · 2 = ____ 5 · 4 = ____ 5 · 3 = ____ 5 · 7 = ____ 5 · 9 = ____

10 · 2 = ____ 10 · 4 = ____ 10 · 3 = ____ 10 · 7 = ____ 10 · 9 = ____

Datum: ____________

1 Immer 2 Äpfel in eine Tüte.

_8_ Äpfel ____ Tüten

Immer 4 Äpfel in eine Tüte.

____ Äpfel ____ Tüten

2 Immer 5 Birnen in eine Tüte.

____ Birnen ____ Tüten

Immer 4 Birnen in eine Tüte.

____ Birnen ____ Tüten

3 Immer 3 Zitronen in ein Netz.

____ Zitronen ____ Netze

Immer 6 Zitronen in ein Netz.

____ Zitronen ____ Netze

4 Immer 4 Kekse auf einen Teller.

____ Kekse ____ Teller

Datum: ____________

18 Kekse ____ Kekse ____ Kekse

1 Verteile gerecht.

16 Kekse. Jeder bekommt ____ Kekse.

____ Kekse. Jeder bekommt ____ Kekse.

2

____ Kekse. Jeder bekommt ____ Kekse.

____ Kekse. Jeder bekommt ____ Kekse.

3

____ Kekse. Jeder bekommt ____ Kekse.

____ Kekse. Jeder bekommt ____ Kekse.

4 Verteile 18 Kekse an 3 Kinder.

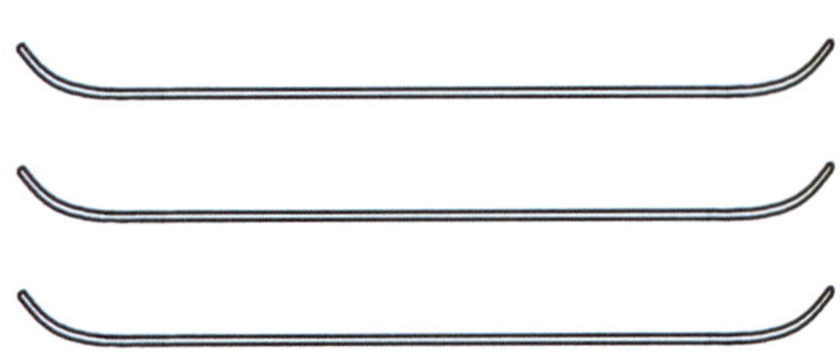

Jedes Kind bekommt ____ Kekse.

Datum: ______________

1 Schreibe zu den Quadratmustern die Malaufgabe und die Quadratzahl.

2 10 Quadrate, 10 Aufgaben. Zeichne die Quadrate farbig nach.
Kreise die Quadratzahlen passend ein.

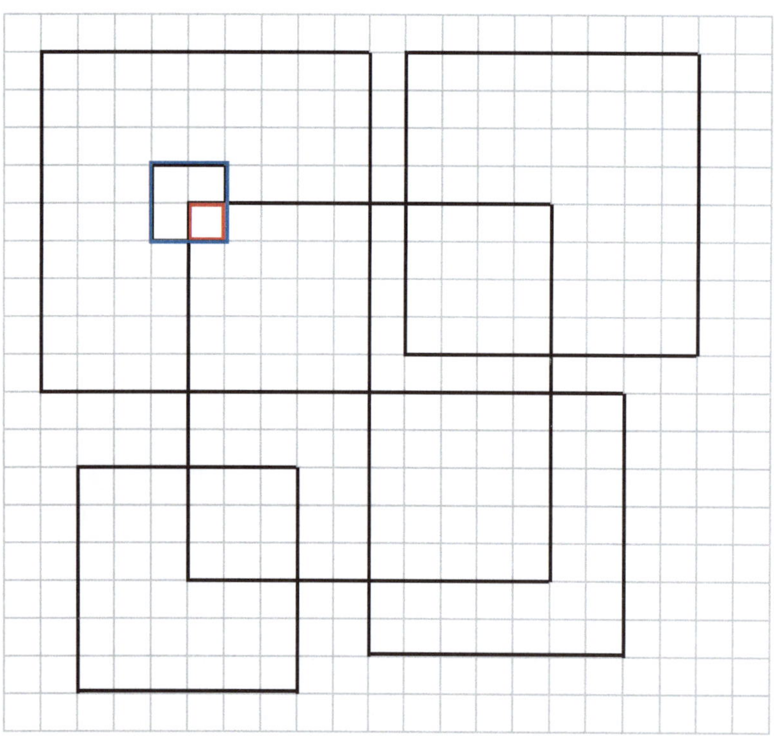

1 · 1 = 1
2 · 2 = 4
3 ·

2 Aufgaben zu den Quadratzahlen müssen automatisiert werden.
Textverarbeitung: Tabelle zu den Quadratzahlen erstellen (Vorlage in der BiBox für Lehrer-/innen), als Merkhilfe nutzen.

Datum: ____________

·	1	2	3	4	5	6	7	8
1		1 · 2 = 2						
2	2 · 1 = 2	2 · 2 = 4	2 · 3 = 6	2 · 4 = 8	2 · 5 = 10	2 · 6 = 12	2 · 7 = 1	
3		3 · 2 = 6						
4		4 · 2 = 8						
5		5 · 2 = 10						
6		6 · 2 = 12						
7		7 · 2 = 14						
8		8 · 2 = 16						
9		9 · 2 = 18						
10		10 · 2 = 20						

1. Trage die Aufgaben und die Ergebnisse der Zweier-Reihe in deine große Einmaleins-Tafel ein. Trage auch die Tauschaufgaben ein.

2. Trage die Aufgaben und Ergebnisse der Fünfer-Reihe und der Zehner-Reihe ein. Trage die Tauschaufgaben ein.

3. Trage die Quadratzahlen ein.

4. Trage die Einer-Reihe und die Tauschaufgaben ein.

5.

Beilage Einmaleins-Tafel nutzen.

S. 38

Datum: ____________

6 · 4 = ___

1

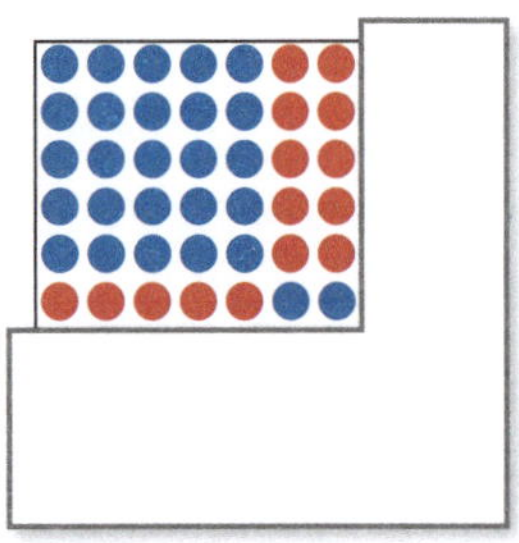

6 · 7 = ___
5 · 7 = ___
1 · 7 = ___

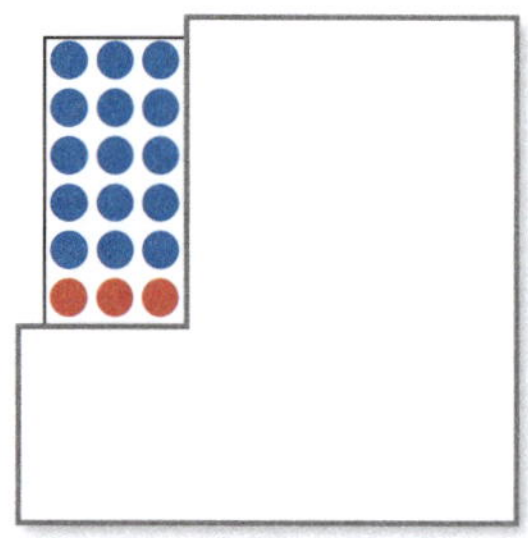

6 · 3 = ___
___
___

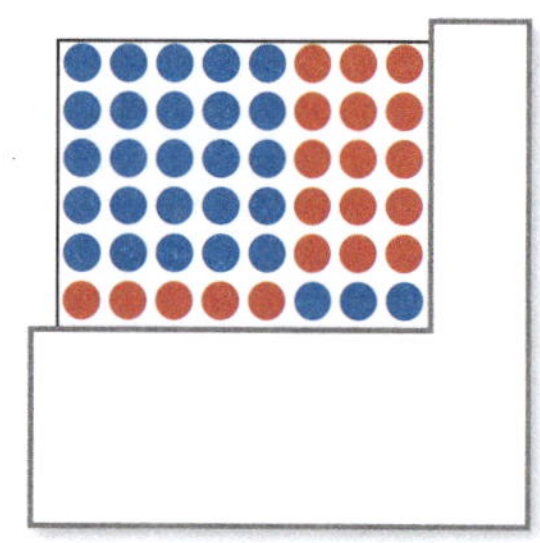

6 · 8 = ___
___
___

2 Löse mit der Blitzaufgabe.

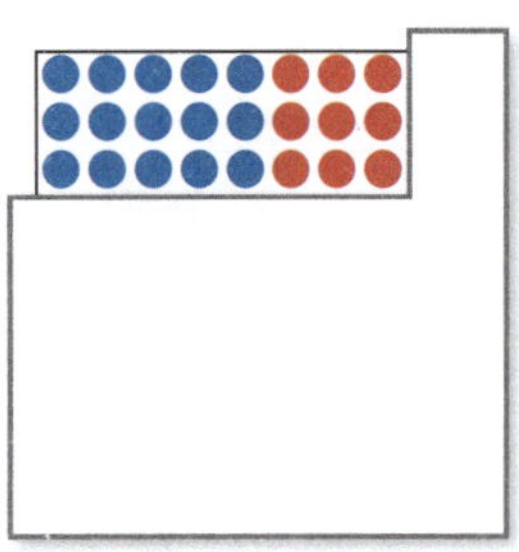

___
___
___

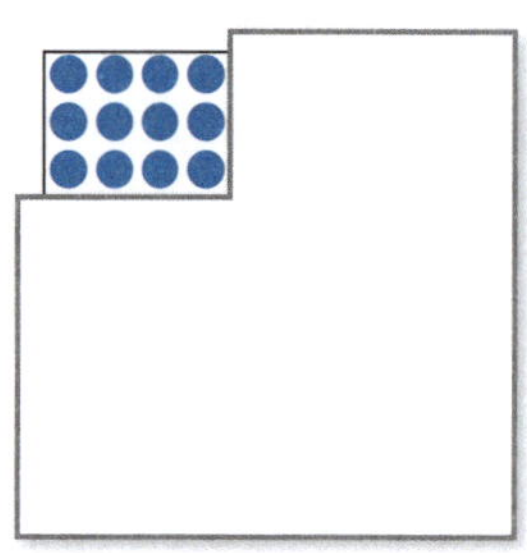

___
___
___

___
___
___

3

8 · 7 = ___
7 · 7 = ___
1 · 7 = ___

4 · 3 = ___
___
___

7 · 6 = ___
___
___

1–3 Hunderterfeld nutzen.
3 **Videoaufnahme:** Erklärfilm zum Lösen einer Aufgabe mit Blitzaufgabe aufnehmen.

Mit Blitzaufgaben rechnen

Datum: ______

1

$4 \cdot 6 =$ ___
$5 \cdot 6 =$ ___
$1 \cdot 6 =$ ___

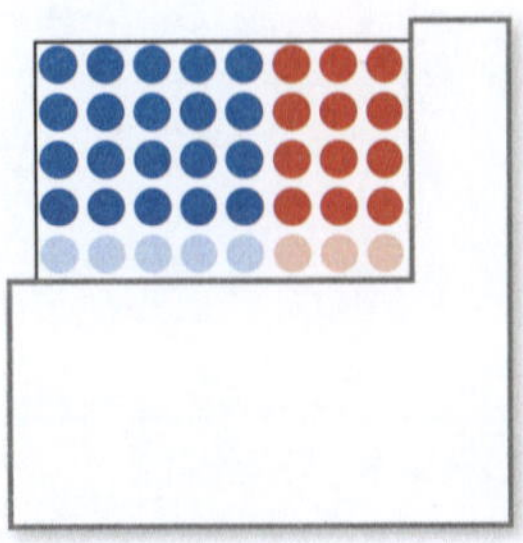

$4 \cdot 8 =$ ___
___
___

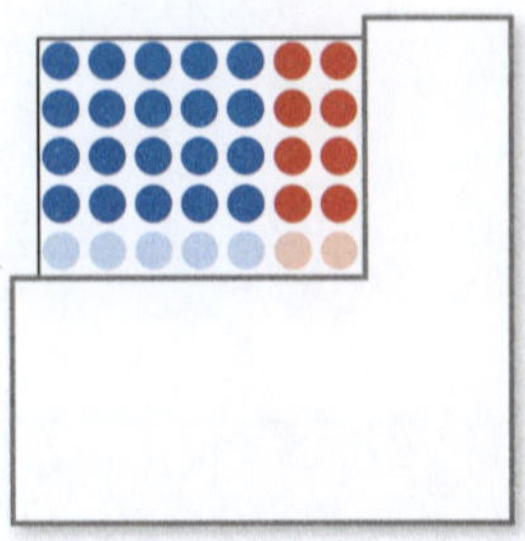

$4 \cdot 7 =$ ___
___
___

2 Löse mit der Blitzaufgabe.

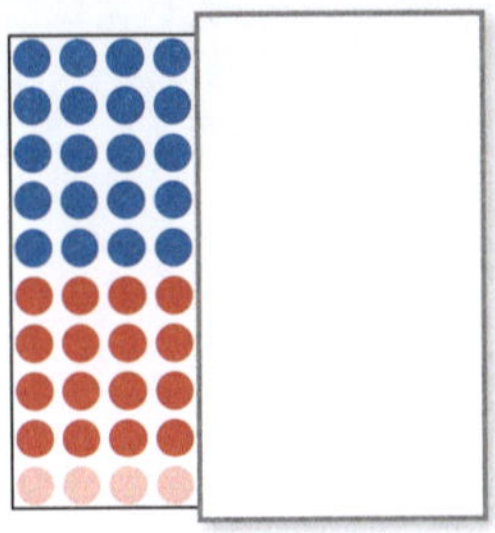

___
___
___

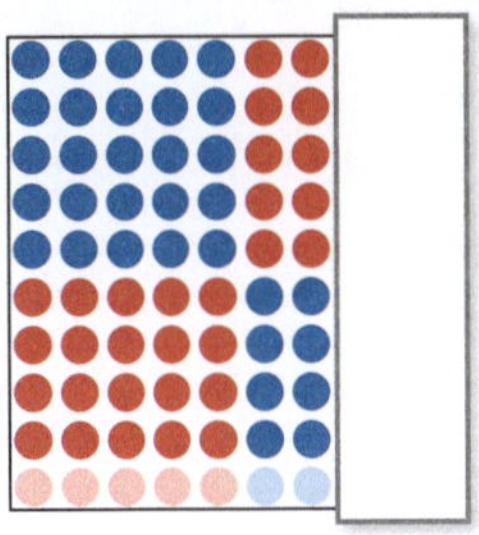

___
___
___

___
___
___

3

$3 \cdot 4 =$ ___
$4 \cdot 4 =$ ___
$1 \cdot 4 =$ ___

$6 \cdot 7 =$ ___
___
___

$7 \cdot 8 =$ ___
___
___

1–3 Hunderterfeld nutzen.
3 **Videoaufnahme:** Erklärfilm zum Lösen einer Aufgabe mit Blitzaufgabe aufnehmen.

S. 39

Datum: ____________

1 Welche Blitzaufgabe hilft dir?

9 · 4 = ____	6 · 4 = ____	3 · 4 = ____
10 · 4 = ____	5 · ____	____
1 · 4 = ____	____	____

2

10 · 4 = ____	5 · 4 = ____	2 · 4 = ____	5 · 4 = ____
9 · 4 = ____	6 · 4 = ____	3 · 4 = ____	4 · 4 = ____
8 · 4 = ____	7 · 4 = ____	4 · 4 = ____	3 · 4 = ____

3 Male Aufgabe und Ergebnis mit der gleichen Farbe an.

9 · 4 | 7 · 4 | 3 · 4 | 0 | 6 · 4 | 8 · 4

0 · 4 | 32 | 36 | 24 | 28 | 12

4 Schreibe die Tauschaufgabe.

3 · 4 = ____	7 · 4 = ____	8 · 4 = ____	5 · 4 = ____	9 · 4 = ____
4 · 3 = ____	____	____	____	____

5

1 · 4 = ____	3 · 4 = ____	5 · 4 = ____	7 · 4 = ____	9 · 4 = ____
2 · 4 = ____	4 · 4 = ____	6 · 4 = ____	8 · 4 = ____	10 · 4 = ____

6

8 = ____ · 4	20 = ____ · 4	16 = ____ · 4	12 = ____ · 4
16 = ____ · 4	40 = ____ · 4	32 = ____ · 4	24 = ____ · 4

Hier fällt etwas auf!

4 Wenn nötig, das Hunderterfeld nutzen.
Fehlende Aufgaben und Ergebnisse der Vierer-Reihe in die große Einmaleins-Tafel eintragen. Auch die Tauschaufgaben eintragen. Vierer-Reihe auch ins Heft schreiben.
Vorherige Bearbeitung Themenheft Addieren und Subtrahieren bis S. 57 empfohlen.

S. 40

Entdeckungen zu den Einmaleins-Reihen

Datum: ____________

1 Findet die Regel und setzt fort.

$2 \cdot 2 =$ ___ $3 \cdot 2 =$ ___ $4 \cdot 2 =$ ___ ____________

$4 \cdot 2 =$ ___ $6 \cdot 2 =$ ___ $8 \cdot 2 =$ ___ ____________

2 Findet die Regel und setzt fort.

$2 \cdot 4 =$ ___ $3 \cdot 4 =$ ___ ____________ ____________

$4 \cdot 4 =$ ___ $6 \cdot 4 =$ ___ ____________ ____________

3 Was stimmt? Kreuzt an.

- ☐ $2 \cdot 2$ ist das Doppelte von $2 \cdot 4$.
- ☐ $4 \cdot 2$ ist das Doppelte von $2 \cdot 2$.
- ☐ $4 \cdot 4$ ist das Doppelte von $2 \cdot 2$.
- ☐ $4 \cdot 4$ ist das Doppelte von $4 \cdot 2$.

4

$4 \cdot$ ___ $= 8$ $3 \cdot$ ___ $= 6$ $5 \cdot$ ___ $= 10$ $9 \cdot$ ___ $= 18$

$4 \cdot$ ___ $= 16$ $3 \cdot$ ___ $= 12$ ____________ ____________

5 Welche Kartenpaare passen? Malt an.

☐ $\cdot\ 4 =$ ☐ $\cdot\ 2$

3 | 6 6 | 8 20 | 30 10 | 20 20 | 40 25 | 50

6 a) Kreise ein:
Zahlen der Zweier-Reihe rot
Zahlen der Vierer-Reihe blau

b) Welche Zahlen hast du zweimal eingekreist? Schreibe sie auf.

1	2	3	4	5	6	7	8	9	10
11	12	13	14	15	16	17	18	19	20
21	22	23	24	25	26	27	28	29	30
31	32	33	34	35	36	37	38	39	40

____

7 Was stimmt? Kreuze an.

- ☐ Alle Zahlen der Vierer-Reihe gehören auch zur Zweier-Reihe.
- ☐ Alle Zahlen der Zweier-Reihe gehören auch zur Vierer-Reihe.

6 Die Zahlen der Zweier-Reihe bis 40 einkreisen.

Datum: ____________

1 Welche Blitzaufgabe hilft dir?

8 · 3 = ___	6 · 3 = ___	4 · 3 = ___
10 · 3 = ___	5 · ___	___
2 · 3 = ___	1 · ___	___

2

10 · 3 = ___	5 · 3 = ___	2 · 3 = ___	5 · 3 = ___
9 · 3 = ___	6 · 3 = ___	3 · 3 = ___	4 · 3 = ___
8 · 3 = ___	7 · 3 = ___	4 · 3 = ___	3 · 3 = ___

3 Male Aufgabe und Ergebnis mit der gleichen Farbe an.

8 · 3	7 · 3	9 · 3	4 · 3	27	0 · 3
0	21	6 · 3	24	12	18

4 Schreibe die Tauschaufgabe.

5 · 3 = ___	7 · 3 = ___	8 · 3 = ___	6 · 3 = ___	9 · 3 = ___
3 · 5 = ___	___	___	___	___

5

1 · 3 = ___	3 · 3 = ___	5 · 3 = ___	7 · 3 = ___	9 · 3 = ___
2 · 3 = ___	4 · 3 = ___	6 · 3 = ___	8 · 3 = ___	10 · 3 = ___

6

6 = ___ · 3	9 = ___ · 3	12 = ___ · 3	15 = ___ · 3
12 = ___ · 3	18 = ___ · 3	24 = ___ · 3	30 = ___ · 3

Hier fällt etwas auf!

4 Wenn nötig, das Hunderterfeld nutzen.
Fehlende Aufgaben und Ergebnisse der Dreier-Reihe in die große Einmaleins-Tafel eintragen. Auch die Tauschaufgaben eintragen. Dreier-Reihe auch ins Heft schreiben.

Datum: ____________

1 Welche Blitzaufgabe hilft dir?

8 · 6 = ____ 6 · 6 = ____ 2 · 6 = ____

7 · 6 = ____ 6 · ____ ____

4 · 6 = ____ ____ ____

2

10 · 6 = ____ 9 · 6 = ____ 8 · 6 = ____

5 · 6 = ____ 6 · 6 = ____ 7 · 6 = ____

6 · 6 = ____ 7 · 6 = ____ 8 · 6 = ____

5 · 6 = ____ 4 · 6 = ____ 3 · 6 = ____

3 Male Aufgabe und Ergebnis mit der gleichen Farbe an.

7 · 6 | 5 · 6 | 9 · 6 | 0 · 6 | 6 · 6 | 4 · 6

0 | 54 | 30 | 24 | 36 | 42

4 Schreibe die Tauschaufgabe.

3 · 6 = ____ 6 · 3 = ____

5 · 6 = ____ ____

8 · 6 = ____ ____

9 · 6 = ____ ____

4 · 6 = ____ ____

5

1 · 6 = ____ 2 · 6 = ____

3 · 6 = ____ 4 · 6 = ____

5 · 6 = ____ 6 · 6 = ____

7 · 6 = ____ 8 · 6 = ____

9 · 6 = ____ 10 · 6 = ____

6

12 = ____ · 6 24 = ____ · 6

18 = ____ · 6 36 = ____ · 6

30 = ____ · 6 60 = ____ · 6

24 = ____ · 6 48 = ____ · 6

Hier fällt etwas auf!

4 Wenn nötig, das Hunderterfeld nutzen.
Fehlende Aufgaben und Ergebnisse der Sechser-Reihe in die große Einmaleins-Tafel eintragen. Auch die Tauschaufgaben eintragen. Sechser-Reihe auch ins Heft schreiben.

S. 42

Datum: ____________

1 Findet die Regel und setzt fort.

2 · 6 = ____ 3 · 6 = ____ 4 · 6 = ________ ____________

4 · 6 = ____ 6 · 6 = ____ ____________ ____________

2 Was stimmt?

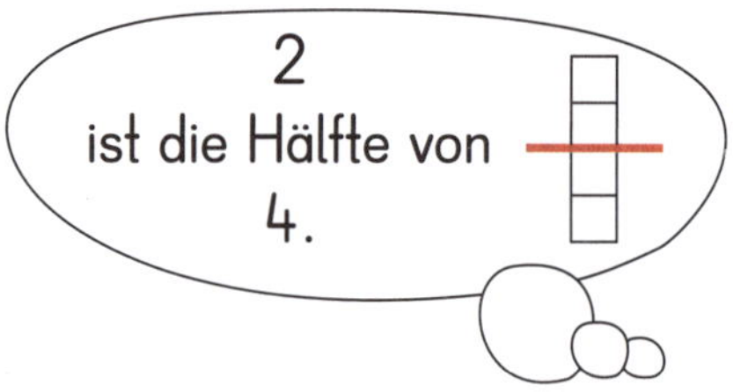

☐ 2 · 6 ist die Hälfte von 4 · 6.

☐ 3 · 3 ist die Hälfte von 2 · 6.

☐ 3 · 6 ist die Hälfte von 6 · 6.

3 3 · ____ = 9 5 · ____ = 15 4 · ____ = 12 8 · ____ = 24

3 · ____ = 18 5 · ____ = 30 ____________ ____________

4 a) Welche Kartenpaare passen? Male an.

☐ · 6 = ☐ · 3

4 | 8 5 | 7 10 | 20 8 | 9

b) Schreibe drei eigene Kartenpaare.

5 a) Kreise ein:
Zahlen der Dreier-Reihe blau
Zahlen der Sechser-Reihe rot

b) Welche Zahlen hast du zweimal eingekreist? Schreibe sie auf.

1	2	3	4	5	6	7	8	9	10
11	12	13	14	15	16	17	18	19	20
21	22	23	24	25	26	27	28	29	30
31	32	33	34	35	36	37	38	39	40
41	42	43	44	45	46	47	48	49	50
51	52	53	54	55	56	57	58	59	60

____

6 Was stimmt? Kreuze an.

☐ Alle Zahlen der Sechser-Reihe gehören auch zur Dreier-Reihe.

☐ Alle Zahlen der Dreier-Reihe gehören auch zur Sechser-Reihe.

5 Die Zahlen der Dreier-Reihe bis 60 einkreisen.

Datum: ______

1 Welche Blitzaufgabe hilft dir?

9 · 8 = ____ 7 · 8 = ____ 4 · 8 = ____

⚡ ____ ⚡ ____ ⚡ ____

____ ____ ____

2

⚡ 10 · 8 = ____	⚡ 5 · 8 = ____	⚡ 8 · 8 = ____	⚡ 5 · 8 = ____
9 · 8 = ____	6 · 8 = ____	7 · 8 = ____	4 · 8 = ____
8 · 8 = ____	7 · 8 = ____	6 · 8 = ____	3 · 8 = ____

3 Male Aufgabe und Ergebnis mit der gleichen Farbe an.

7 · 8 6 · 8 24 2 · 8 64 3 · 8

0 16 8 · 8 0 · 8 56 48

4 Schreibe die Tauschaufgabe.

3 · 8 = ____	7 · 8 = ____	2 · 8 = ____	4 · 8 = ____	6 · 8 = ____
8 · 3 = ____	____	____	____	____

5

1 · 8 = ____	3 · 8 = ____	5 · 8 = ____	7 · 8 = ____	9 · 8 = ____
2 · 8 = ____	4 · 8 = ____	6 · 8 = ____	8 · 8 = ____	10 · 8 = ____

6

16 = ____ · 8	24 = ____ · 8	40 = ____ · 8	32 = ____ · 8
32 = ____ · 8	48 = ____ · 8	80 = ____ · 8	64 = ____ · 8

Hier fällt etwas auf!

4 Wenn nötig, das Hunderterfeld nutzen.
Fehlende Aufgaben und Ergebnisse der Achter-Reihe in die große Einmaleins-Tafel eintragen. Auch die Tauschaufgaben eintragen. Achter-Reihe auch ins Heft schreiben.

S. 43

1

Anzahl	Beine
1	4
5	20
8	
3	
10	

Anzahl	Beine
1	8
5	
8	
3	
10	

2 a) Kreist ein:
Zahlen der Zweier-Reihe gelb.
Zahlen der Vierer-Reihe rot.
Zahlen der Achter-Reihe blau.

1	2	3	4	5	6	7	8	9	10
11	12	13	14	15	16	17	18	19	20
21	22	23	24	25	26	27	28	29	30
31	32	33	34	35	36	37	38	39	40

b) Welche Zahlen gehören zur Vierer-Reihe und zur Achter-Reihe? Schreibt sie auf.

____

c) Was stimmt? Kreuzt an.

☐ 36 gehört zur Vierer-Reihe. ☐ 36 gehört zur Achter-Reihe.

3 Was stimmt? Kreuzt an.

☐ Alle Zahlen der Vierer-Reihe sind auch Zahlen der Achter-Reihe.
☐ Alle Zahlen der Achter-Reihe sind auch Zahlen der Vierer-Reihe.

4 Multipliziert mit 2 und mit 4. Was fällt euch auf?

2 · ____ = 16 2 · ____ = 12
4 · ____ = 16 4 · ____ = 12

2 · ____ = 20 2 · ____ = 8
4 · ____ = 20 4 · ____ = 8

> **Multiplizieren**
> heißt
> malnehmen.

5

24 = 4 · ____ 40 = 4 · ____ 32 = 4 · ____ 16 = 4 · ____
24 = 8 · ____ 40 = 8 · ____ 32 = 8 · ____ 16 = 8 · ____

2 Die Zahlen der Zweier-Reihe bis 40 einkreisen.

Datum: ____________

1 Welche Blitzaufgabe hilft dir?

3 · 9 = ____ 8 · 9 = ____ 7 · 9 = ____

2

10 · 9 = ____	5 · 9 = ____	9 · 9 = ____	5 · 9 = ____
9 · 9 = ____	6 · 9 = ____	8 · 9 = ____	4 · 9 = ____
8 · 9 = ____	7 · 9 = ____	7 · 9 = ____	3 · 9 = ____

3 Male Aufgabe und Ergebnis mit der gleichen Farbe an.

2 · 9 | 4 · 9 | 63 | 18 | 7 · 9 | 54
81 | 36 | 9 · 9 | 0 · 9 | 6 · 9 | 0

4 Schreibe die Tauschaufgabe.

4 · 9 = ____ 7 · 9 = ____ 6 · 9 = ____ 2 · 9 = ____ 8 · 9 = ____
9 · 4 = ____

5

1 · 9 = ____	3 · 9 = ____	5 · 9 = ____	7 · 9 = ____	9 · 9 = ____
2 · 9 = ____	4 · 9 = ____	6 · 9 = ____	8 · 9 = ____	10 · 9 = ____

6

18 = ____ · 9	27 = ____ · 9	45 = ____ · 9	36 = ____ · 9
36 = ____ · 9	54 = ____ · 9	90 = ____ · 9	72 = ____ · 9

Hier fällt etwas auf!

4 Wenn nötig, das Hunderterfeld nutzen.
Fehlende Aufgaben und Ergebnisse der Neuner-Reihe in die große Einmaleins-Tafel eintragen. Auch die Tauschaufgaben eintragen. Neuner-Reihe auch ins Heft schreiben

S. 44

Datum: ____________

1 a) Kreist ein.
Zahlen der Dreier-Reihe gelb.
Zahlen der Sechser-Reihe rot.
Zahlen der Neuner-Reihe blau.

b) Welche Zahlen habt ihr zweimal eingekreist? Schreibt sie auf.

1	2	3	4	5	6	7	8	9	10
11	12	13	14	15	16	17	18	19	20
21	22	23	24	25	26	27	28	29	30
31	32	33	34	35	36	37	38	39	40
41	42	43	44	45	46	47	48	49	50
51	52	53	54	55	56	57	58	59	60

____

c) Welche Zahlen habt ihr dreimal eingekreist? Schreibt sie auf.

____

2 Was stimmt? Kreuzt an.

- ☐ Alle Zahlen der Dreier-Reihe sind auch Zahlen der Neuner-Reihe.
- ☐ Alle Zahlen der Sechser-Reihe sind auch Zahlen der Neuner-Reihe.
- ☐ Alle Zahlen der Neuner-Reihe sind auch Zahlen der Dreier-Reihe.
- ☐ Alle Zahlen der Neuner-Reihe sind auch Zahlen der Sechser-Reihe.

3 Findest du die Regel?

a) $1 \cdot 9 =$ 1 · 10 – 1 = ______
$2 \cdot 9 =$ 2 · 10 – ______
$3 \cdot 9 =$ 3 · 10 – ______

b) $6 \cdot 9 =$ ______
$9 \cdot 9 =$ ______
$4 \cdot 9 =$ ______

4

Neuner-Reihe	9	18								
Sechser-Reihe	6	12								
Unterschied	3									

Der Unterschied ____

12 A-E

1 Die Zahlen der Dreier-Reihe bis 60 einkreisen.

 Datum: ____________

1 Welche Blitzaufgabe hilft dir?

8 · 7 = ____ 4 · 7 = ____ 6 · 7 = ____

2

10 · 7 = ____	5 · 7 = ____	7 · 7 = ____	5 · 7 = ____
9 · 7 = ____	6 · 7 = ____	6 · 7 = ____	4 · 7 = ____
8 · 7 = ____	7 · 7 = ____	5 · 7 = ____	3 · 7 = ____

3 Male Aufgabe und Ergebnis mit der gleichen Farbe an.

7 · 7 | 21 | 28 | 0 | 8 · 7 | 3 · 7

6 · 7 | 4 · 7 | 0 · 7 | 56 | 42 | 49

4 Schreibe die Tauschaufgabe.

4 · 7 = ____	6 · 7 = ____	8 · 7 = ____	3 · 7 = ____	9 · 7 = ____
7 · 4 = ____	________	________	________	________

5

1 · 7 = ____	3 · 7 = ____	5 · 7 = ____	7 · 7 = ____	9 · 7 = ____
2 · 7 = ____	4 · 7 = ____	6 · 7 = ____	8 · 7 = ____	10 · 7 = ____

6

14 = ____ · 7	21 = ____ · 7	35 = ____ · 7	28 = ____ · 7
28 = ____ · 7	42 = ____ · 7	70 = ____ · 7	56 = ____ · 7

Hier fällt etwas auf!

4 Wenn nötig, das Hunderterfeld nutzen.
Fehlende Aufgaben und Ergebnisse der Siebener-Reihe in die große Einmaleins-Tafel eintragen. Auch die Tauschaufgaben eintragen. Siebener-Reihe auch ins Heft schreiben.

S. 45

Datum: ____________

1 Male die Ergebnisse in der angegebenen Farbe an.

blau	gelb	grün	braun
8 · 3 = ___	2 · 7 = ___	7 · 7 = ___	7 · 6 = ___
5 · 9 = ___	5 · 5 = ___	8 · 6 = ___	8 · 8 = ___
9 · 7 = ___	8 · 4 = ___	4 · 9 = ___	2 · 3 = ___
2 · 4 = ___	6 · 3 = ___	6 · 6 = ___	1 · 1 = ___
7 · 8 = ___	9 · 8 = ___	2 · 2 = ___	9 · 0 = ___
3 · 5 = ___	3 · 3 = ___	5 · 2 = ___	10 · 8 = ___
2 · 6 = ___	4 · 4 = ___	4 · 5 = ___	5 · 6 = ___
5 · 3 = ___	3 · 9 = ___	10 · 10 = ___	10 · 6 = ___
7 · 3 = ___	7 · 5 = ___	9 · 9 = ___	5 · 8 = ___

2

a)	b)	c)
12 = ___ · 3	50 = ___ · 5	72 = ___ · 9
54 = ___ · 6	40 = ___ · 8	10 = ___ · 2
36 = ___ · 4	16 = ___ · 4	18 = ___ · 9

d)	e)	f)
28 = ___ · 4	14 = ___ · 2	36 = ___ · 6
20 = ___ · 5	24 = ___ · 6	42 = ___ · 7
49 = ___ · 7	25 = ___ · 5	40 = ___ · 4

Elefanten-Einmaleins

Datum: ______________

1 Diese Elefanten haben sich richtig aufgestellt. Prüft nach.

2 Diese Elefanten wollen sich richtig aufstellen. Welche Decke passt? Verbindet.

3 In welcher Reihenfolge stellen sich die Elefanten auf? Verbindet.

4 Schreibt passende Zahlen auf die Decken. Es gibt verschiedene Möglichkeiten.

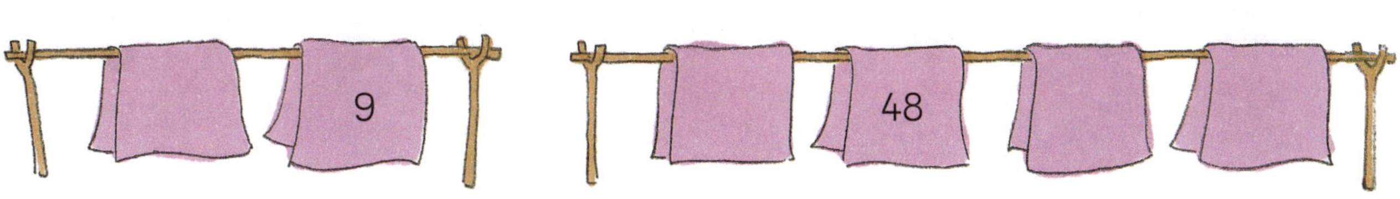

Die Ziffern der Zahl werden multipliziert. Das Ergebnis ist die nächste Zahl der Zahlenfolge.

1 Immer 2 Brezeln in eine Tüte.

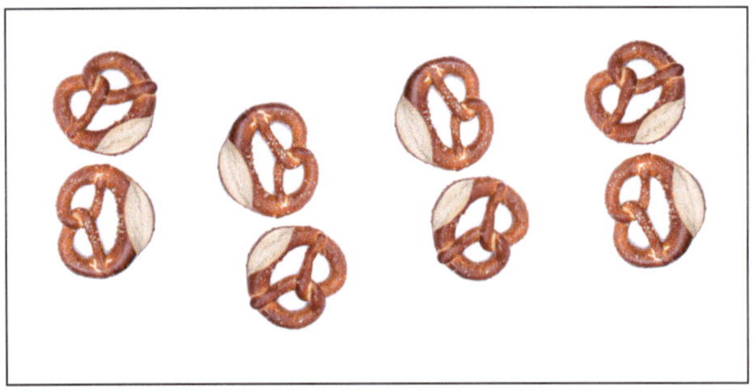

8 : 2 = ______

Immer 2 Brezeln in eine Tüte.

12 : 2 = ______

2 Immer 6 Orangen in ein Netz.

24 : ______

Immer 4 Orangen in ein Netz.

20 : ______

3 Immer 7 Äpfel in ein Netz.

21 : ______

Immer 6 Äpfel in ein Netz.

18 : ______

Erst einkreisen, dann Aufgaben schreiben.

Datum: ____________

18 : 3 = ____

1 Verteile gerecht an 5 Kinder.

15 : 5 = ____

Verteile gerecht an 6 Kinder.

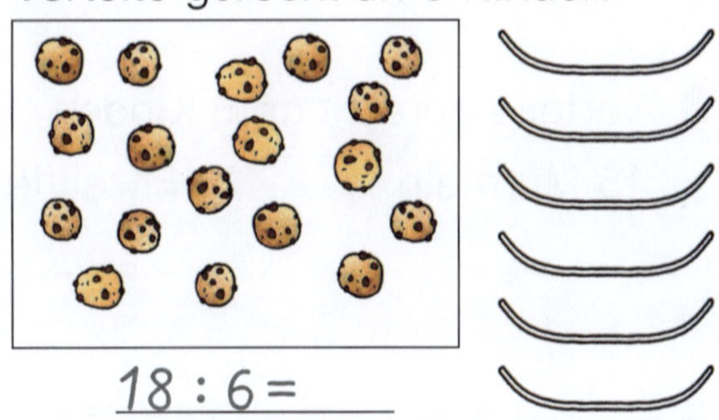

18 : 6 = ____

2

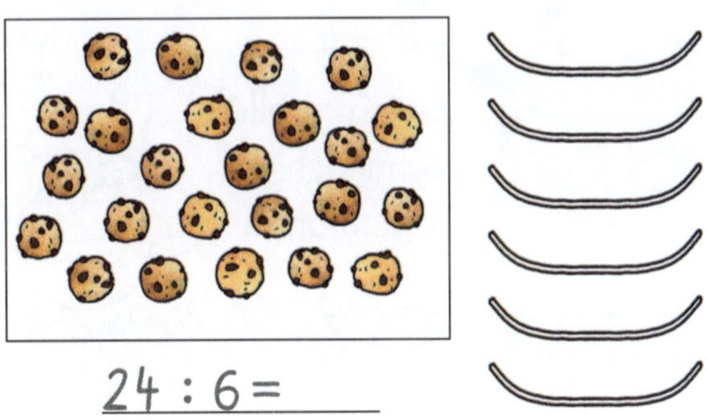

24 : 6 = ____

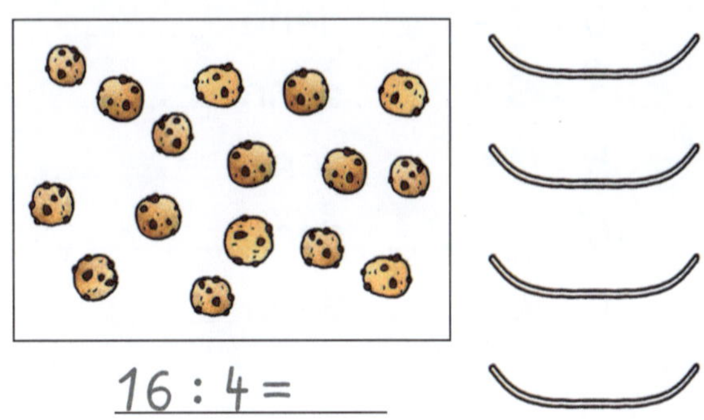

16 : 4 = ____

3

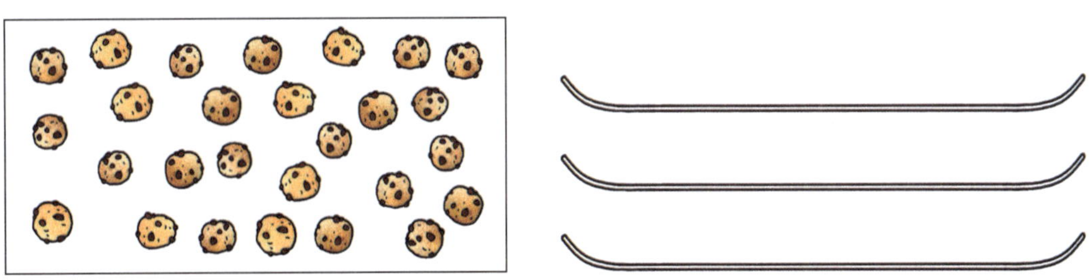

27 : ____

4 Verteile gerecht.

Schreibe die Geteiltaufgabe auf.

24 Kekse an 3 Kinder ____________

24 Kekse an 8 Kinder ____________

40 Kekse an 8 Kinder ____________

40 Kekse an 5 Kinder ____________

S. 46

Datum: ____________

1 In einem Kartenspiel sind 40 Karten.
Fünf Kinder spielen mit.
Wie viele Karten bekommt jedes Kind?
Geteiltaufgabe: ____________

Ben hat 40 Karten verteilt.
Jedes Kind hat 10 Karten bekommen.
Wie viele Kinder spielen mit?
Geteiltaufgabe: ____________

2 Verteile gerecht an 5 Kinder.

15 Murmeln	10 Filzstifte	5 Blöcke	50 Sammelbilder
____________	____________	____________	____________

3 16 : 2 = 8 , denn 8 · 2 = 16
20 : 2 = ___ , denn ____________
45 : 9 = ___ , denn ____________
35 : 7 = ___ , denn ____________
40 : 8 = ___ , denn ____________
16 : 4 = ___ , denn ____________

4 Denke an die Malaufgabe.

30 : 5 = ___	12 : 6 = ___	40 : 5 = ___	35 : 5 = ___
30 : 6 = ___	12 : 3 = ___	40 : 8 = ___	15 : 5 = ___
30 : 3 = ___	12 : 2 = ___	40 : 10 = ___	50 : 5 = ___

5

25 : 5 = ___	72 : 8 = ___	63 : 9 = ___	81 : 9 = ___
36 : 6 = ___	20 : 4 = ___	42 : 7 = ___	63 : 7 = ___
49 : 7 = ___	56 : 7 = ___	56 : 8 = ___	45 : 5 = ___

6 Aufgaben mit der Null!

0 · 2 = ___	0 : 3 = ___	2 + 0 = ___	0 + 4 = ___	0 − 0 = ___
2 · 0 = ___	0 : 5 = ___	3 − 0 = ___	0 · 4 = ___	0 · 0 = ___

6 Achtung! Durch Null kann man nicht teilen. Eine Lösung für das Teilen durch 0 ist nicht definiert.

Datum: ____

1 Male gleiche Ergebnisse mit gleicher Farbe an: 6 (blau) 7 (rot)

21 : 3 = ____ 35 : 5 = ____ 42 : 7 = ____ 54 : 9 = ____

30 : 5 = ____ 56 : 8 = ____ 48 : 8 = ____

42 : 6 = ____ 28 : 4 = ____ 36 : 6 = ____

2 Erkennst du die Regel? Setze fort.

12 : 4 = ____	18 : 3 = ____	8 : 2 = ____	20 : 4 = ____
15 : 5 = ____	24 : 4 = ____	12 : 3 = ____	25 : 5 = ____
18 : 6 = ____	30 : 5 = ____	16 : ____	30 : ____
21 : 7 = ____	36 : ____	____	____
24 : ____	____	____	____

3 Dividiere immer durch 2. Was fällt dir auf?

2 : 2 = ____	6 : 2 = ____	10 : 2 = ____
4 : 2 = ____	8 : 2 = ____	12 : 2 = ____

Dividieren heißt geteilt rechnen.

Das Ergebnis ____

4

5 · 9 = 45
45 : 9 = 5

4 · 6 = 24
____ : 6 = ____

6 · 6 = ____	2 · 9 = ____	3 · 7 = ____	7 · 4 = ____
____ : 6 = ____	____ : 9 = ____	____ : 7 = ____	____ : 4 = ____

5

5 · 3 = 15	4 · 8 = ____	9 · 2 = ____	10 · 4 = ____
15 : 3 = ____	____	____	____

S. 47

3 Gesetzmäßigkeit notieren. **5** Malaufgaben lösen und die Umkehraufgaben schreiben.

Datum: ______

1

15 — 3 | 5

3 · 5 = ___	15 : 5 = ___
5 · 3 = ___	15 : 3 = ___

2

12 — 2 | 6

2 · 6 = 12	12 : 6 = ___
6 · 2 = ___	

___ — 4 | 7

4 · 7 = ___	
7 · 4 = ___	

___ — 7 | 5

___ — 5 | 6

3

18 — 6 | ___

20 — ___ | 5

8 — ___ | 2

32 — 8 | ___

2, 3 Fehlende Zahlen bestimmen. Die passenden Aufgaben schreiben.

Datum: ______________

1 Häuser zur 24. Welche findet ihr?

2 Es gibt auch Häuser mit nur einem Stockwerk. Welche sind das?
Schreibe die Zahlen im Dach und die Aufgaben auf.

3

Die Zahl im großen Fenster
hat einen Zehner mehr als Einer.
Die Zahl im einen kleinen Fenster
ist um 3 größer als die Zahl
im anderen kleinen Fenster.
Findet ihr zwei Lösungen?

2 Eigene Aufgaben zu Quadratzahlen finden.

Datum: ____________

1 Wie viel Euro kostet es zusammen?

3 · 9 € = ____________

____

____

____

2 a) Herr Neufeld kauft 2 Portionen Nudeln. Wie viel bezahlt er?

b) Herr Altberg kauft 5 Portionen Würstchen. Wie viel bezahlt er?

c) Eine Wandergruppe kauft 9 Hamburger, 7 Portionen Nudeln und 6 Schnitzel. Wie viel bezahlen sie zusammen?

2 a) 2 · _ € = _ €
Er bezahlt _ €.

3 Schreibe eine eigene Einkaufsgeschichte. Dein Partnerkind löst sie.

Vorherige Bearbeitung Themenheft Sachrechnen und Größen, S. 4-12 und S. 32-35 empfohlen.

Datum: ____________

1 Frau Fan bezahlt 15 €. Sie hat drei gleiche Gerichte bestellt.
Wie teuer ist ein Gericht? Was hat Frau Fan bestellt?

Lösung: 15 € : ____________

Antwort: Ein Gericht kostet ____________. Sie hat ____________

2 Herr Wagner bezahlt 36 € für Schweinshaxen.
Wie viele Portionen hat er gekauft?

L.: ____________

A.: Herr Wagner hat ____________

3 Frau Ramirez muss 12 € bezahlen. Sie hat nur gleiche Gerichte bestellt.

a) Was kann sie bestellt haben? Schreibe eine Möglichkeit auf.

L.: ____________

A.: Frau Ramirez hat ____________

b) Findest du noch eine andere Möglichkeit?

L.: ____________

A.: ____________

4 Herr Akele bezahlt 27 € für Speisen und Getränke.
Alle essen das Schnitzel. Wie teuer sind die Getränke?

L.: ____________

A.: ____________

5 Wie teuer sind die Getränke?
Berechne die Preise und trage die Preise in die Liste ein.

Getränke-Preise	
Apfelsaft	____ €
Orangensaft	____ €
Kirschsaft	____ €
Kakao	____ €
Wasser	____ €
Milch	____ €

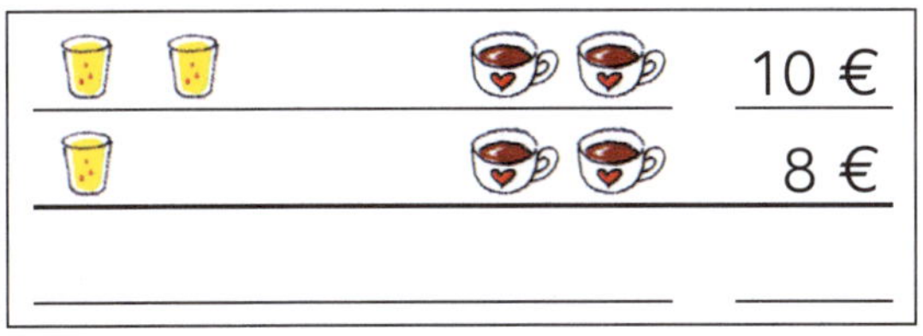

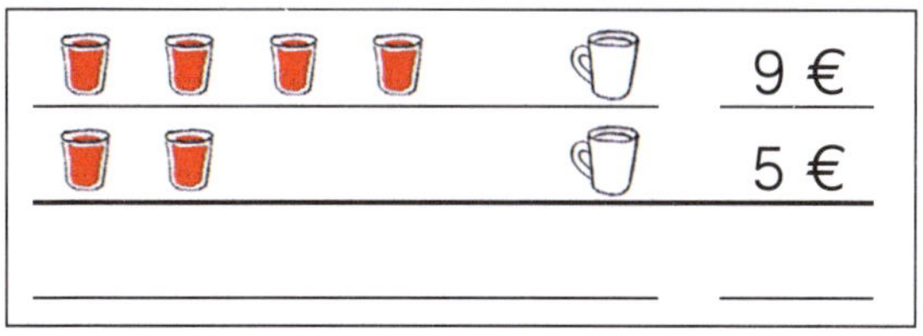

Textverarbeitung: Eigene Sachaufgaben zur Sachsituation schreiben (Vorlage in der BiBox für Lehrer/-innen).

Datum: ____________

1 Immer 6 Erdbeeren auf einen Teller.

13 : 6 = ____ Rest ____

Immer 8 Erdbeeren auf einen Teller.

25 : 8 = ____________

2 Immer 5 Kekse auf einen Teller.

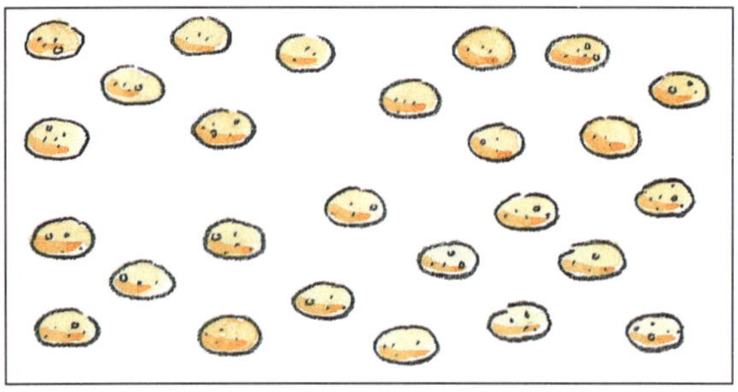

26 : 5 = ____________

Immer 6 Kekse auf einen Teller.

27 : 6 = ____________

3 Immer 7 Perlen für eine Kette.

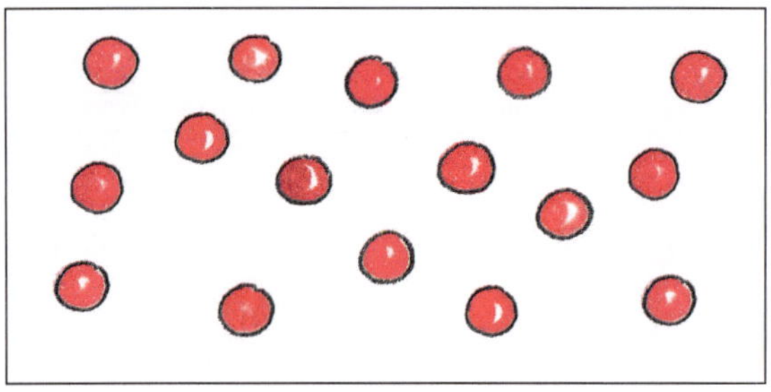

____

Immer 4 Perlen für eine Kette.

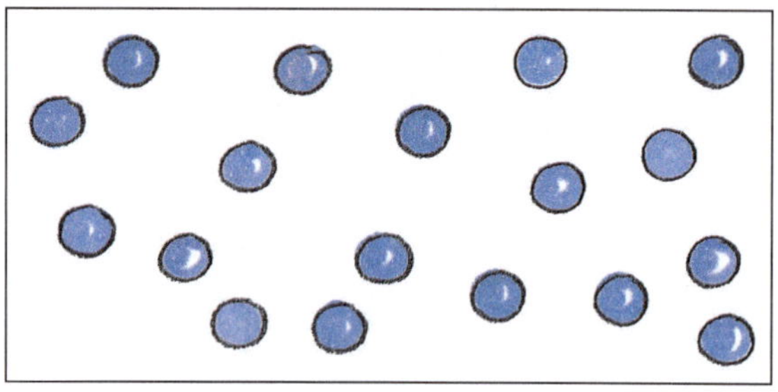

____

Videoaufnahme: Erklärfilm zum Dividieren mit Rest aufnehmen.

Datum: ____________

1

35 : 6 = 5 R 5	49 : 8 = ______	36 : 5 = ______	11 : 5 = ______
	25 : 7 = ______	22 : 7 = ______	18 : 5 = ______
	23 : 9 = ______	31 : 8 = ______	27 : 4 = ______
	64 : 9 = ______	44 : 9 = ______	34 : 6 = ______

2

11 : 5 = ______	37 : 6 = ______	43 : 7 = ______	49 : 8 = ______
12 : 5 = ______	38 : 6 = ______	44 : 7 = ______	50 : 8 = ______
13 : 5 = ______	39 : 6 = ______	45 : 7 = ______	51 : 8 = ______
14 : 5 = ______	40 : 6 = ______	46 : 7 = ______	52 : 8 = ______

3

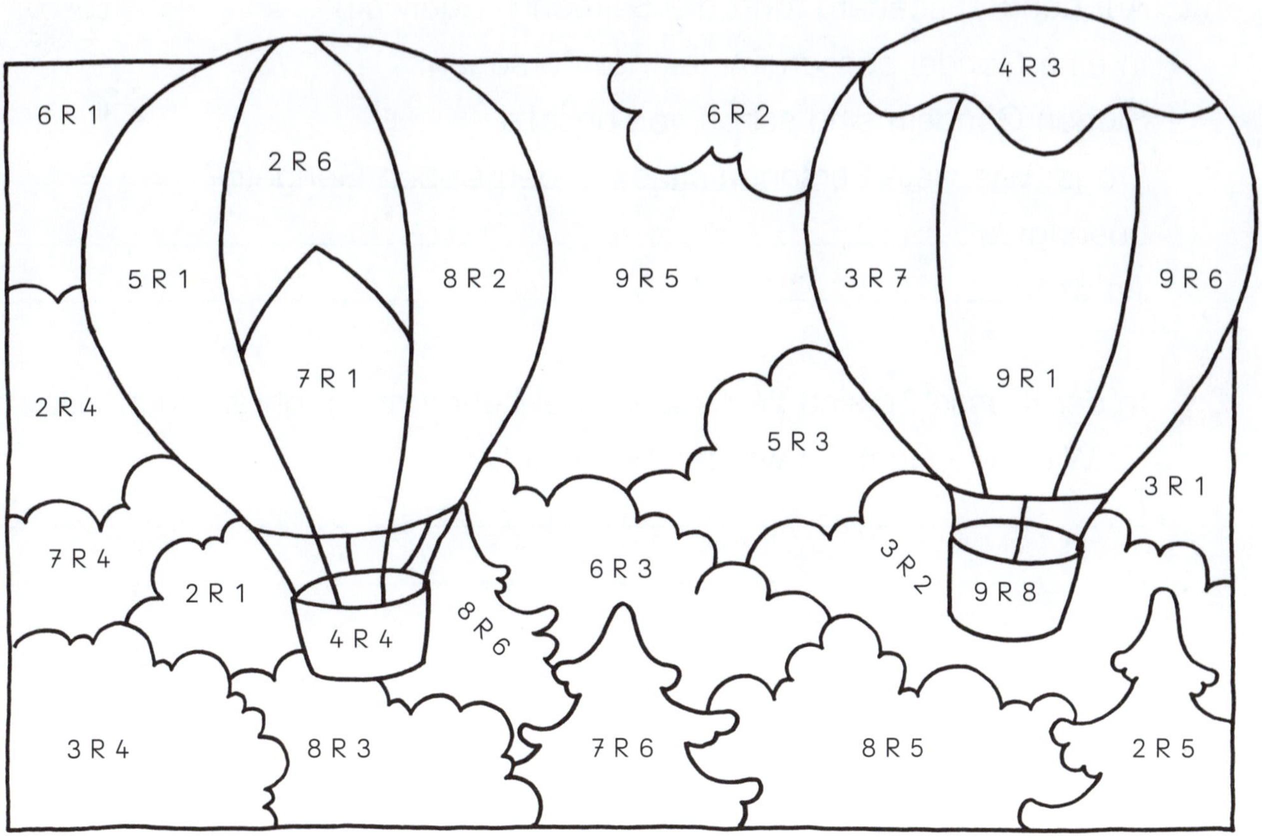

gelb	blau	grün	rot
22 : 8 = ___ R ___	18 : 7 = ___ R ___	62 : 8 = ___ R ___	89 : 9 = ___ R ___
34 : 9 = ___ R ___	23 : 4 = ___ R ___	17 : 6 = ___ R ___	22 : 3 = ___ R ___
50 : 6 = ___ R ___	59 : 6 = ___ R ___	35 : 4 = ___ R ___	27 : 6 = ___ R ___
69 : 7 = ___ R ___	22 : 7 = ___ R ___	77 : 9 = ___ R ___	24 : 5 = ___ R ___
46 : 9 = ___ R ___	13 : 2 = ___ R ___	22 : 6 = ___ R ___	19 : 2 = ___ R ___

S. 49

Datum: ____________

1 Auf den Schneeberg fährt die Seilbahn „Edelweiß".
In eine Gondel passen immer vier Personen.
Sieben Gondeln sind schon voll besetzt.
Frage: Wie viele Personen sitzen in den sieben Gondeln?
Lösung: ____________
Antwort: In den sieben Gondeln ____________

2 In der Klasse 2c sind 24 Kinder, zwei Lehrerinnen fahren auch mit.
F.: Wie viele Gondeln werden benötigt?
L.: ____________
A.: ____________

3 Die Klasse 2b will mit ihrer Lehrerin mit der Seilbahn fahren.
Es sind insgesamt 23 Personen. Sina sagt: „Wir brauchen fünf Gondeln."
Stimmt das?

4 An der Kasse muss die Lehrerin der Klasse 2b 48 € bezahlen. Die Fahrkarte für die Lehrerin ist doppelt so teuer wie eine Kinderkarte.
Wie teuer ist die Karte für die Lehrerin?
Wie teuer ist eine Kinderkarte?

Vorherige Bearbeitung Themenheft Sachrechnen und Größen, S. 32-35 empfohlen.

Datum: ____________

5 Auf den Schneeberg fährt auch die Seilbahn „Blausee“.
Hier passen sechs Personen in eine Gondel.
In einer Stunde fahren 16 Gondeln zum Gipfel. Alle Gondeln sind voll besetzt.
F.: Wie viele Personen sind hochgefahren?

L.:

Gondel	1	4	8	16
Personen	6			

A.: ____

6 Eine Gruppe mit 35 Personen will mit der Seilbahn „Blausee“ fahren.
Wie viele Gondeln werden benötigt?

7 Die Klasse 2a macht mit ihrem Lehrer einen Ausflug zum Schneeberg.
Sie fahren mit den 4er-Gondeln hoch und mit den 6er-Gondeln wieder herunter.
Niklas sagt: „Bei den acht 4er-Gondeln bleiben Plätze frei, die 6er-Gondeln werden alle voll.“
Wie viele Kinder sind in der Klasse?

8 Von einer Gruppe mit 44 Personen wollen 10 Personen zu Fuß vom Schneeberg ins Tal wandern. Die anderen nehmen die Seilbahn „Blausee“. Wie viele Gondeln benötigen sie?

1 Finde viele Punktebilder zu den Ergebnissen.
Schreibe immer die Malaufgabe dazu.
a) 12 b) 18 c) 20 d) 24

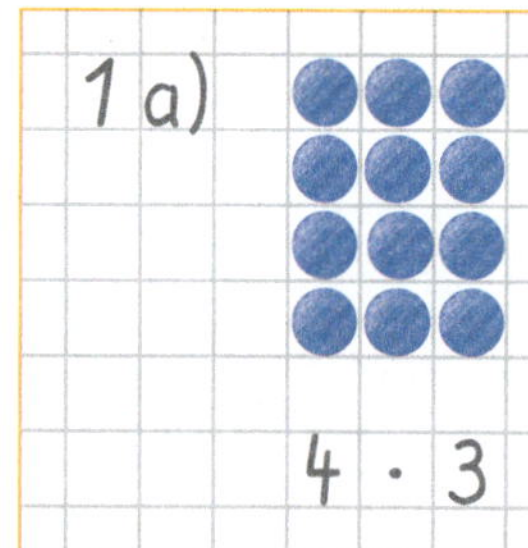

2

Das Doppelte der Zahl ist 18.
Lösung: ____

Das Fünffache der Zahl ist 40.
Lösung: ____

Das Doppelte der Zahl ist das Fünffache von 4.
Lösung: ____

Die Hälfte der Zahl ist das Zehnfache von 5.
Lösung: ____

Das Doppelte der Zahl ist größer als das Fünffache von 3 und kleiner als das Doppelte von 9.
Lösung: ____

3 Welche Zahlen sind es?

△ · △ < 10
△ · ○ > 10
○ · □ = 20
△ · □ > 14

△ = ____
○ = ____
□ = ____

4 Finde beide Lösungen.

Die Zahl ist kleiner als 10.
Sie gehört zu
vier Einmaleins-Reihen.

1 Die Aufgabe eignet sich im Anschluss an Seite 9.
2 Die Aufgabe eignet sich im Anschluss an Seite 17.
3 Die Aufgabe eignet sich im Anschluss an Seite 25.
4 Die Aufgabe eignet sich im Anschluss an Seite 32.

Datum: ____________

5 (+), (−) oder (·)?

6	○	2 =	4	○	2
5	○	3 =	8	○	7
3	○	10 =	36	○	6
12	○	30 =	7	○	6
10	○	4 =	2	○	3

6 Jedes Zeichen eine Ziffer.

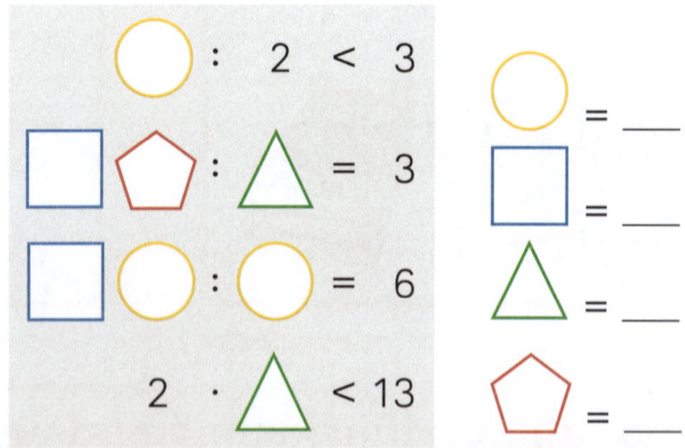

7

Die Zahl im großen Fenster liegt zwischen 10 und 30.
Die Zahl im einen kleinen Fenster ist das Doppelte der anderen.

Die Zahl im großen Fenster liegt zwischen 10 und 20.
Die Zahl im einen kleinen Fenster ist um 7 größer als die andere.

8 Wie viele Kinder sind in der Klasse?

5 Die Aufgabe eignet sich im Anschluss an Seite 33.
6 Die Aufgabe eignet sich im Anschluss an Seite 38.
7 Die Aufgabe eignet sich im Anschluss an Seite 41.
8 Die Aufgabe eignet sich im Anschluss an Seite 45.

Malaufgaben

3 **mal** 6

3 · 6

Aufgabe

2 · 4 = 8

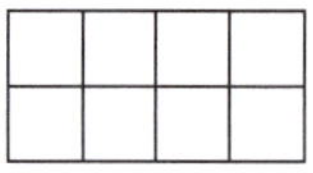

Tauschaufgabe

4 · 2 = 8

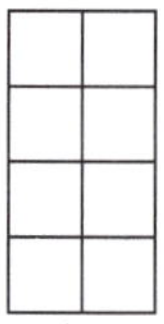

Verdoppeln, verfünffachen und verzehnfachen

Das **Doppelte**

1 · 3 = 3

2 · 3 = 6

Das Doppelte von 3 ist 6.

Das **Fünffache**

1 · 3 = 3

5 · 3 = 15

Das Fünffache von 3 ist 15.

Das **Zehnfache**

1 · 3 = 3

10 · 3 = 30

Das Zehnfache von 3 ist 30.

Quadratzahlen

1 · 1 = 1 **Quadratzahl** 1

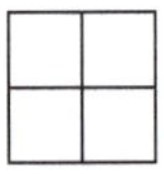

2 · 2 = 4 **Quadratzahl** 4

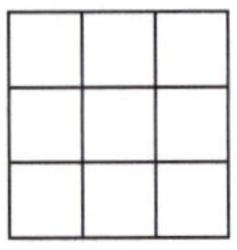

3 · 3 = 9 **Quadratzahl** 9

...

Rechnen mit Blitzaufgaben

9 · 4 = __

9 · 4 = __
10 · 4 = 40
1 · 4 = 4

Erst die Blitzaufgabe 10 · 4, dann noch 1 · 4 weg.

6 · 4 = __

6 · 4 = __
5 · 4 = 20
1 · 4 = 4

Erst die Blitzaufgabe 5 · 4, dann noch 1 · 4 dazu.

Geteiltaufgaben

8 **geteilt durch** 2

8 : 2

8 Brezeln, immer 2 in eine Tüte.

8 Kekse, verteilt auf 2 Teller.

16 : 2 = __

16 : 2 = 8

16 : 2 = 8, denn 8 · 2 = 16

Rest

17 : 5 = 3 Rest 2

17 : 5 = 3 R 2

2 bleiben übrig.

Multiplizieren und dividieren

5 · 9 = 45 **Aufgabe**
45 : 9 = 5 **Umkehraufgabe**

Multiplizieren heißt malnehmen.

Dividieren heißt geteilt rechnen.

MATERIALIEN FÜR SCHÜLERINNEN UND SCHÜLER

Addieren und Subtrahieren 2 .... 978-3-14-**118106**-7
Multiplizieren und Dividieren 2 .... 978-3-14-**118107**-4
Geometrie 2 .... 978-3-14-**118108**-1
Sachrechnen und Größen 2 .... 978-3-14-**118109**-8

Lernpaket 2
4 Themenhefte + Beilagen 978-3-14-**118110**-4
BiBox für Schüler/-innen WEB-14-**118122**

ZUSATZMATERIALIEN
Trainingsheft 2 .... 978-3-14-**118162**-3
Trainingsheft Interaktiv 2 .... WEB-14-**118180**

Themenhefte inklusiv B
Zahlen bis 20 (B) 978-3-14-**118413**-6
Rechnen bis 20 (B) 978-3-14-**118414**-3
Geometrie (B) 978-3-14-**118415**-0
Sachrechnen und Größen (B) 978-3-14-**118416**-7

Lernpaket inklusiv B
4 Themenhefte + Beilagen 978-3-14-**118412**-9

MATERIALIEN FÜR LEHRERINNEN UND LEHRER

Handreichung 2 .... 978-3-14-**118111**-1
BiBox für Lehrer/-innen 2, *Einzellizenz* WEB-14-**118123**
Kollegiumslizenz WEB-14-**118125**
Kopiervorlagen 2 .... 978-3-14-**118152**-4
Förder-Kopiervorlagen 2 .... 978-3-14-**118154**-8
Forder-Kopiervorlagen 2 .... 978-3-14-**118156**-2
Lernwege-Karten 2 .... 978-3-14-**118160**-9
Diagnoseheft 2 .... 978-3-14-**118149**-4
Entdeckerkartei 2 .... 978-3-14-**118161**-6

10 Sätze Einmaleins-Tafel 978-3-14-**118185**-2